◆生鲜乳生产收购专职岗位技能培训系列教材

生鲜乳检验员

农业部奶业管理办公室
中　国　奶　业　协　会　组编

中国农业出版社

图书在版编目（CIP）数据

生鲜乳生产收购专职岗位技能培训系列教材．生鲜乳检验员/农业部奶业管理办公室，中国奶业协会组编．—北京：中国农业出版社，2010.9
ISBN 978-7-109-14966-3

Ⅰ.①生… Ⅱ.①农… ②中… Ⅲ.①鲜乳-食品加工-技术培训-教材②鲜乳-食品检验-技术培训-教材 Ⅳ.①TS252.41②TS252.7

中国版本图书馆CIP数据核字（2010）第180008号

中国农业出版社出版
（北京市朝阳区农展馆北路2号）
（邮政编码 100125）
责任编辑　颜景辰

中国农业出版社印刷厂印刷　　新华书店北京发行所发行
2011年1月第1版　　2011年1月北京第1次印刷

开本：850mm×1168mm　1/32　　印张：3
字数：70千字　　印数：1～4 000册
定价：18.00元

丛书编委会

本书编者 王加启　王　俊　李长皓　许晓敏
甄云鹏　刘　萍　叶巧燕　刘　蕾
赵慧芬　刘凤岩

编者单位 农业部奶及奶制品质量监督检验测试中心（北京）
中国农业科学院北京畜牧兽医研究所

序

奶业是世界公认的节粮、经济、高效型畜牧业，是现代农业的重要组成部分。奶业的健康发展，对于改善城乡居民膳食结构，提高人口素质，促进农村产业结构调整和城乡协调发展，增加农民收入，乃至促进全面小康社会目标的实现，都具有十分重要的战略意义。我国奶业起步较晚，但发展迅猛。2009年末，奶牛存栏1 218万头，奶类产量3 650万吨，已成为世界第三产奶大国。奶业正逐步成为国民经济的重要组成部分，成为惠及13亿人口的重要产业。

随着我国奶业的快速发展，规模化、集约化、标准化水平的提高，奶业生产企业急需大量合格从业人员，特别是专职岗位的技能型人才，如挤奶员、全混合日粮（TMR）操作员、生鲜乳质量监督（检验）员、配种员、兽医等。因此，加强从业人员职业道德和专业技能的培训，已成为当务之急。

根据国务院办公厅《2010年食品安全整顿工作安排的通知》（国办发【2010】17号）要求，农业部奶业管理办公室、中国奶业协会组织各省（自治区、直辖市）奶业协会（奶业管理办公室）开展生鲜乳生产收购专职岗位技能培训工作。为配合开展好此项工作，结合我国生鲜乳生产的实际情况，编写了《生鲜乳生产收购专职岗位技能培训系列教材》丛书。内容包括：全混合日粮（TMR）操作员、生鲜乳检验员和挤奶员等。

这套教材根据广大奶农生产、生鲜乳收购检验需求，具有很强的针对性、实用性和可操作性。

很多专家参加了该套培训教材的编写、审定工作，在此一并表示感谢。

刘成果

二〇一〇年八月十八日

目　　录

第一章　生鲜乳采样

我国针对生鲜乳的采样方法还未出台相关的标准，由于生鲜乳在常温下或4℃贮存时，一般呈液态，相对于某些半固体样品（酸奶）或固体样品（奶酪），生鲜乳较为均匀；另一方面，生鲜乳中的脂肪和蛋白质未经过均质，容易分层，特别是对于在温度较低且静置时间较长的样品，乳脂分离现象严重，所以在采集生鲜乳样品时，先要将样品搅拌混合均匀，再采样。

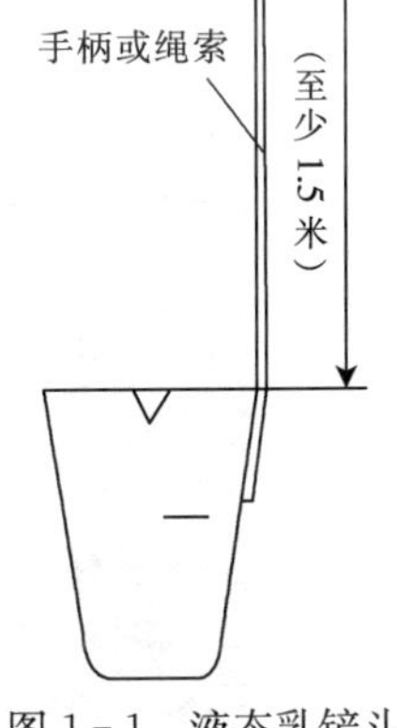

图1－1　液态乳铲斗

第一节　采样设备

一、铲斗和搅拌器

一般来说，生鲜乳的采样工具应使用洁净的不锈钢或塑料液态乳铲斗（图1－1）。对于没有机械搅拌设备的贮奶罐，采用人工搅拌器（图1－2）进行搅拌。通常贮奶罐或奶罐车都配有电动搅拌装置，采样时提前5

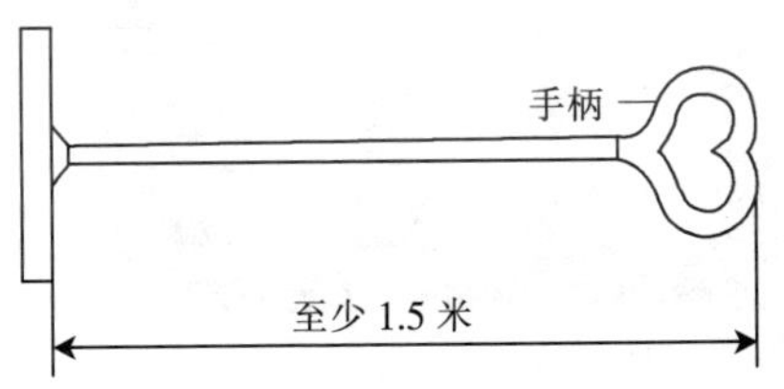

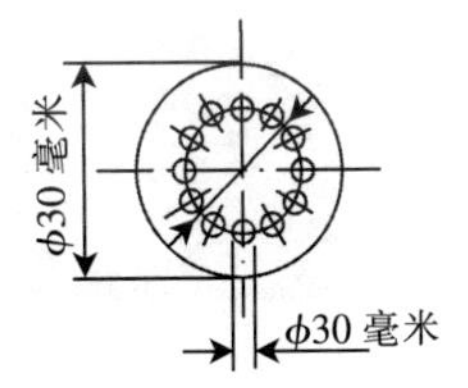

图1－2　人工搅拌器

分钟启动，就能将样品搅拌、混合均匀。

二、采样容器

采样容器应采用玻璃或塑料瓶，容积一般不小于 100 毫升，或者根据检测时的样品用量，进行适当增减（如 50 毫升 DHI 采样瓶），但应保证容器洁净无污染（图 1－3）。塑料瓶较为轻便，在条件允许的情况下，还可以一次性使用。玻璃瓶虽然沉重，但可以高温、高压灭菌，尤其适用于样品中微生物指标检测前的采样。

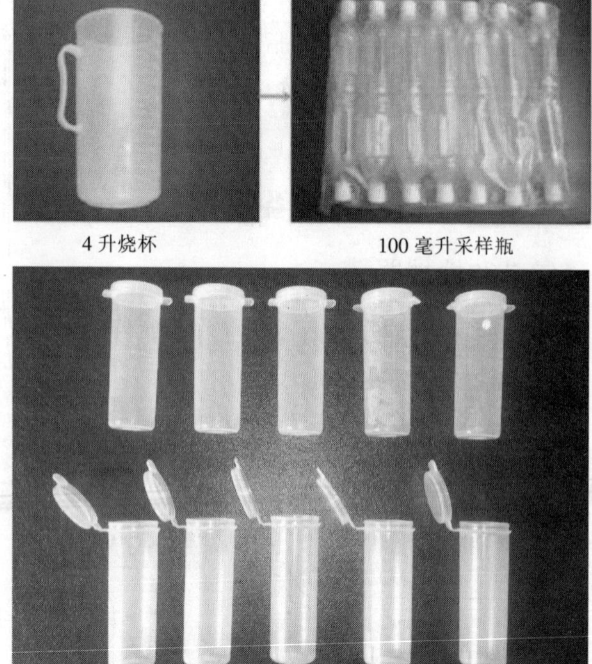

4 升烧杯　　100 毫升采样瓶

DHI 采样瓶(50 毫升)

图 1－3　采样瓶

第二节　样品的采集

如果要从生鲜乳收购站的贮奶罐（图 1－4）中采样，采样前应先开动机械式搅拌装置，搅拌至少 5 分钟。对于生鲜乳运输车的贮奶罐，可以提前开动搅拌装置 5 分钟，也可在采样前用人工搅拌器（图 1－2）探入罐底，采取从下至上的方式反复搅拌 30 次以上。

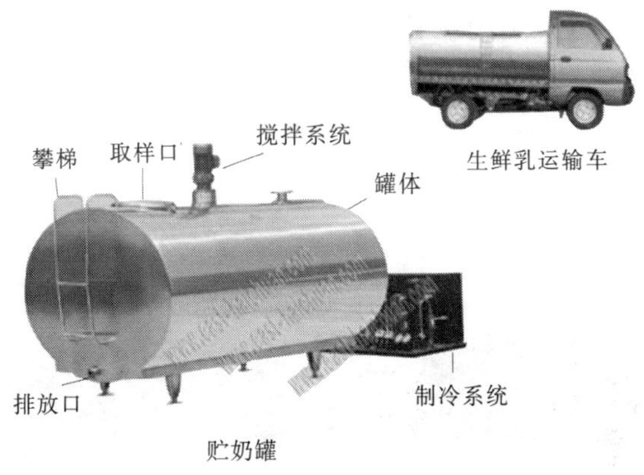

图 1－4　生鲜乳运输车和贮奶罐

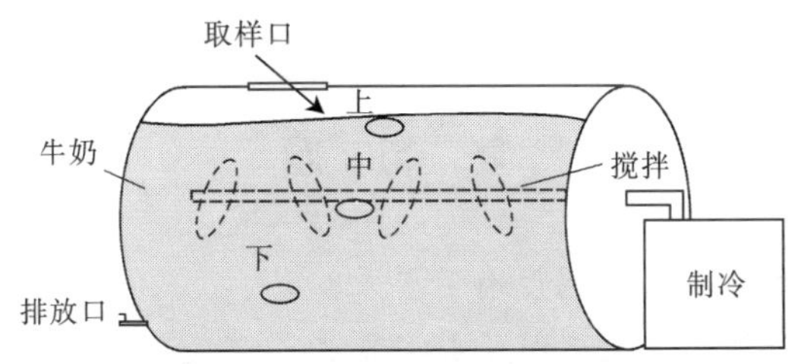

图 1－5　贮奶罐内部结构和采样点分布

样品充分搅拌混匀后，用液态乳铲斗从表面、中部、底部三点采样（图 1－5），每个点各采集 1 升。将这 3 个点采集到的样品混合至 4 升的塑料容器中，充分混合均匀后，根据需要用采样瓶分装 3～5 份，每份不少于 100 毫升。

第三节　样品的保存和运输

生鲜乳样品采集后采用保温箱，内加冷媒或冰袋运输（图 1-6）。可以根据检测指标需要添加防腐剂。运输过程中保持保温箱内温度不高于 4℃，24 小时内抵达检测单位。如果不能保证 24 小时抵达，必须根据检测指标的要求，正确使用当地冰柜、冰箱等设备冷藏或冻存。留给被检单位的样品，也应该根据检测指标的要求，正确使用冰柜、冰箱等设备 4℃冷藏或－20℃冷冻保存。

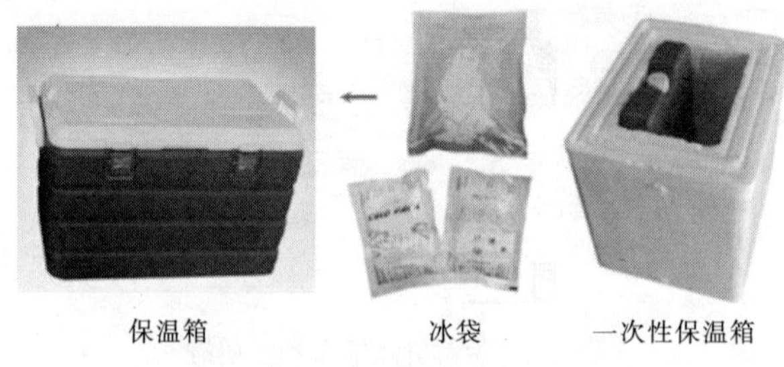

图 1-6　保温箱和冰袋

复 习 题

1. 生鲜乳对贮存温度有何要求？
2. 生鲜乳的主要采样工具有哪些？
3. 采集生鲜乳样品时要注意哪些主要步骤？

第二章　生鲜乳检测基础知识

第一节　与生鲜乳相关的基础知识

一、容量分析

容量分析是常规化学分析中最重要的分析方法，在 GB 19301—2010《生乳》标准中涉及的容量分析只有酸碱滴定法。下面对酸碱滴定法进行简单介绍。

酸碱滴定法又称中和法，即以酸碱中和反应为基础的容量分析方法。酸碱中和反应是酸中的氢离子和碱中的氢氧根离子在水溶液中生成难电离的水分子。

$$H^+ + OH \rightleftharpoons H_2O$$

凡是能与酸或碱起中和反应的物质，都可用酸碱滴定法测定它们的含量，使用的物质主要是各种酸或各种碱。当测定酸或酸性物质时，用强碱氢氧化钠作为标准滴定溶液。例如，测定生鲜牛乳中的酸度，以消耗的氢氧化钠的量来计算。这时滴定的酸种类甚多，主要是乳酸，还有其他包括微生物代谢的各种有机酸。当测定碱或碱性物质时，用强酸硫酸或盐酸作为标准滴定溶液。

中和反应通常不会发生感官变化，但为了准确确定滴定终点，应选用一个指示剂，随酸度或 pH 变化发生色变的指示剂最为理想，便于观察，同时要求这种指示剂化学性质稳定，不会与体系中的任何反应物起化学反应，且变色越灵敏越好，即微小的变化即可引起变色。

也可以使用酸度计测量中和反应过程中 pH 的变化，当指示出理论滴定终点的 pH 时，就表明滴定已完成，从而计算被测组分含量，这样可代替指示剂。

每种酸碱指示剂都有一个变色的 pH 范围。这个变色范围越窄越好，这样当到达滴定终点时，pH 稍有变化，指示剂立即由一种颜色变为另一种颜色，及时指示滴定终点。为了使指示剂在滴定终点时颜色变化更明显，往往使用混合指示剂，这样，指示剂的变色范围更小，更容易分辨。例如，凯氏定氮法测定生鲜乳中蛋白质含量时，使用的混合指示剂就是甲基红和溴甲酚绿按 1∶5 的比例溶于乙醇配制而成的。

二、重量分析

重量分析是将被测组分从样品中完全分离出来后，依据被测组分及样品的质量计算被测组分质量分数的方法。根据乳品检验所用分离方法的不同，可将重量分析分为挥发法和萃取法。不管何种方法，这种分离应足够完全，才不至于造成太大的误差。因此，在进行重量分析时，如何唯一地将被测组分从样品中完全分离出来，是减小正、负系统误差的关键。

（一）挥发法

该法用于测定乳粉中的水分，使用铝盒，也可使用玻璃盒或皿。首先，对铝盒在 103℃±2℃恒温称重，然后放置样品称重，在 103℃±2℃恒温失水后再称重，计算水分含量。

（二）灰化法

该法用于测定乳粉中的灰分。所谓灰分是指在 550℃高温下残留的无机物质。测定时使用瓷坩埚和马弗炉。应对空的瓷坩埚及其放置样品后重复称重，计算灰分含量。测定过程中应注意灰化的彻底与否。因乳粉中含有乳糖、蔗糖等碳水化合物，受热后黏结成团，外部若有灰分包围，则内部灰化不彻底，并可见小团黑色颗粒。为此，样品应先在电炉上灼烧，炭化至无烟，然后再置于 550℃左右的马弗炉中灰化至灰白色粉状。若有团块，则应重新测定。

（三）萃取法

该法用于测定生鲜乳中的脂肪，在专用的提取器中用无水乙醚或石油醚等溶剂萃取脂肪，然后再加热蒸干溶剂，残留下脂肪，称重，计算脂肪含量。值得注意的是该法测定的除脂肪外，还有其他脂类物质。因此，该项目有时也称为“粗脂肪”。

三、仪器分析

上面叙述的容量分析和重量分析都是分析化学的基础。实际上，分析化学可以进一步分为两个部分，一是化学分析，其中包括容量分析和重量分析等；二是仪器分析，其中包括光谱分析、色谱分析和电化学分析等 3 类方法。

对于生鲜乳的理化指标，由于每个指标的含量都很高（相对于安全指标或维生素类指标等），使用常规的玻璃仪器或器皿基本就可进行测定，不需要太多的大型分析仪器设备，相对较为简单。

牛奶中“矿物质类”或“重金属”指标的检测多涉及光谱分析法，目前主要使用原子吸收分光光度计（AAS），同时配火焰原子化器和石墨炉原子化器测定大多数元素，少部分元素如汞、硒、砷等的测定使用配有氢化物发生器的原子荧光仪（HG－AFS），会更方便、准确一些。“抗生素”多采用高效液相色谱仪（HPLC）测定，但抗生素的种类不同，样品的检测步骤有很大差别。一般来说，液相色谱分离的模式没有太大差别，固定相都选用 C_{18} 色谱柱，反相分离，但流动相根据目标化合物极性的不同，可能会有较大不同。在进行“抗生素”指标或“微生物类”指标的测定时，需要用到微生物培养法。从严格意义上讲，这不属于采用分析化学的方法进行检测的范畴，而属于微生物类检测方法。随着仪器设备的进步，越来越多的标准中开始规定使用液——质联用法（HPLC－MS），同时检测牛奶中的某一类抗生素。对于生鲜乳中违禁添加物的检测，则需要根据实际情况和实际条件选择合适的方法进行。气相色谱法（GC）的应用比液相色谱法要少一些，这是由于气相色谱应用范围相对较窄的缘故。

总的来说，仪器分析相对于化学分析要复杂得多，而且配备这些大型的分析仪器也十分昂贵，动辄就需要二三十万，甚至几百万的经费，而且维护、运行的费用也很大。因此，本培训教材只在有关章节对这类仪器进行介绍，具体使用方法可参考仪器使用说明书或其他书籍。

第二节　数据处理及误差分析

乳品检验包括样品采集、样品制备、测量分析、报出结果四个主要步骤，尽管采取科学的方法，但总存在一些不可避免的因素影响真值的得出，如计量器具的准确度、检验方法的不完善、检验人员的主观性、实验环境的浮动、检验对象的不均一性等。而乳品检验要求报出正确的结果，这个正确程度是相对的。随着科学的发展，正确程度日趋提高，检验结果逐渐逼近真值。科学发展是无止境的，人们对乳品认识的深度也是无止境的。因此，检验结果只能逐渐逼近真值，而不是达到真值，检验人员应该用辩证唯物主义的观点和认识论来指导乳品检验。为了使检验结果在当代科学水平的条件下达到应有的正确程度，除了靠物理、化学的实验手段外，还应采取数学的方法。这种数学方法的基础是误差和数据处理的理论和应用。

一、误差

所谓误差，是指某特定量的给出值与真值之差。在乳品检验中的给出值可以是计量器具的示值（如仪器的显示值、玻璃器皿的刻度示值等）、分析测定值以及计算近似值等。所谓真值，是指与某特定量定义一致的量值。它是一个客观存在的真实量值。人们受科技水平所限很难测出真值，一般来说，真值不可能确切获知。

由于误差是给出值与真值之间的差异，进行检测时，误差越小，检测的结果与真值越接近，检测结果越准确，所以要减小误差就应认识误差的来源。误差是客观存在的，它伴随着整个检验过程，寻找误差来源的过程是深入认识客观世界的过程，认识的深度受科技水平所限，所以寻找误差的来源及其影响程度也受到科技水平所限。因此，当涉及误差来源时，首先应明白误差来源是受当代科技水平制约的；其次，应明白认识误差来源是为了克服它或将其影响程度减到最小。对于不能克服或减弱影响的误差就暂无必要深究。

1. 计量器具误差　计量器具是检验工作的工具，它主要包括测量仪器和玻璃量具两个部分。计量器具的误差可分解为以下两部分。

（1）基本误差　计量器具在标准工作条件下所具有的误差称为计量器具的基本误差，也称为固有误差。这种误差有稳定的数值，因此，在使用计量器具时要创造一个标准工作条件，以便知道误差的数值就是基本误差。该误差在仪器和玻璃量具出厂时给出，或检定时给出。

（2）附加误差　计量器具在非标准工作条件下所增加的误差称为计量器具的附加误差。这种误差没有稳定的数值，随工作条件变化而变化。乳品检测员依据工作条件与标准工作条件对比，通过计算得出这种附加误差，例如玻璃量具随温度变化的校正计算等。

2. 方法误差　检验方法不完善引起的误差称为方法误差。一种是没有按照标准方法（包括国家标准、行业标准、地方标准、企业标准）进行的不正确操作引起的误差；另一种是标准方法本身也具有误差。这种误差的原因多样，如标准方法所涉及的试剂、仪器、样品均一程度以及测定干扰组分等。这种标准方法本身造成的误差应该在标准方法中以允许差的形式注明。

3. 环境误差 环境误差指工作环境条件与规定的条件不一致所造成的误差，如温度、湿度、气压、震动、悬浮颗粒物、重力场、电源、电磁场等。环境误差可以影响计量器具误差，也会影响样品的误差。

4. 人员误差 检测人员主观因素和操作技术所引起的误差，包括观测误差和读数误差。所谓观测误差是指使用计量器具时由于观测者主观判断所引起的误差。所谓读数误差是指观测者对测量器具示值不准确读数所引起的误差。

5. 样品误差 样品误差是检验对象本身的误差，它包括样品代表性误差和样品均一性误差。样品代表性误差是指测定样品不等同于检验对象的误差。乳品检验就检验性质来说可分为监督检验和委托检验。监督检验采取随机抽样方式，出具的检验报告对被抽批量的产品负责。样品代表性误差是由于抽样方法不具有代表性所致，而委托检验采取送样方式，出具的检验报告仅对样品负责。样品代表性误差的原因除了抽样方式外，还有从实验室样品到试样所经过的缩分方式，如实验室样品是 2 千克，而试样只需 5 克，则应合理缩分，缩分的不科学同时造成样品代表性误差。

样品均一性误差主要由样品各部位的质量不均一造成，如生鲜牛奶和加工牛奶会发生脂肪上浮、沾壁，检验前应加温、颠摇均匀。

以上所述的两种样品误差是很难避免的，采取科学的抽样、缩分、均质方法可以减小这种误差。否则，样品误差会很大，甚至远大于计量器具、方法、环境和人员误差，导致检验结果无法采用。

二、数据处理基本概念

检测得出的量值是原始数据，它代表了真实的测定结果，不能主观地随意更改，否则就失去了测定的意义。但是测定的量值又包含着一定的误差，需要用数学的方法来科学地处理。例如，在测定的数值列中个别数值异常大或异常小，尽管它是真实的测定结果，但它包含着较大的误差，对于这些数值的取舍计算和判断属于数据处理范畴，不经剔除，计算的算术平均值就不能代表约定真值。

测量总伴随着误差，测量得出的量值也包含着误差，也就是说测定值的前几位是准确数，后几位是误差造成的近似数。这种近似数可以是估读的。例如，滴定体积 10.15 毫升，小数点后第 2 位的“5”是估读的，是近似数；也可以是仪器显示的，例如，万分之一电子天平显示的小数点后第 4 位数，或分光光度计打印的小数点后最后一位数等。因此，在阅读和利用分析结果时应明确测定值包含着准确数和近似数两部分。

更基本的是测定的量值在参与计算时要经过一定的处理，计算后的数值与报出要求应协调，也需数据处理。数值修约是运算的基本要求，运算前需对各因子进行数值修约，运算结束对结果也需数值修约。只有通过正确的数值修约，才能得出准确的运算结果。

三、平均值、标准偏差和相对标准偏差

化学分析的目的是通过实验得出被测组分的约定真值。由于实验过程中不可避免地会有一系列误差，使得测定值有一定波动。因此，就需要用数学工具判断误差，决定实验是否有效，测定结果是否可取，以及解决测定结果修正等一系列问题。在分析技术发展的历史中，数学工具的应用是逐步深化的。最初用绝对误差和相对误差表示一个测定值对真值的差异程度；当得到多次测定值时，引入算术平均值和算术平均偏差，后者表示每次测定值偏离算术平均值的平均程度，反映了整个测定的数据组偏离约定真值的程度，但它不能很好地与测定值概率分布图结合起来。因此，标准偏差开始提出并应用。

(一)平均值

在日常的检验检测工作中，检测结果是否准确并不确定，但可以通过多次测量的方法来得出一个准确的结果，所测量数据的算术平均值就能代表总体的平均水平。设：对一个样品重复测定 n 次，测定值分别为 x_1、x_2、x_3、$\cdots x_n$，则有限次测量数据的算术平均值用 $\bar{x}$ 表示，计算公式如式（2-1）：

$$\bar{x}=\frac{x_1+x_2+x_3+\cdots+x_n}{n}=\frac{\sum_{i=1}^{n}x_i}{n} \tag{2-1}$$

(二)标准偏差

在实际测定中，如果使用标准偏差，则能反映检测结果的精密程度。对一个样品做有限次测量，这时测定的标准偏差 SD 用公式（2-2）计算：

$$SD=\sqrt{\frac{\sum_{i=1}^{n}(x_i-\bar{x})^2}{n-1}} \tag{2-2}$$

即各个测量数据偏差的平方和除以数据个数减 1 的平方根。由于式中对单个数据偏差平方后，较大的偏差更能突出地反映出来，所以标准偏差能更好地说明数据的离散程度，在实际使用中更加常见。

(三)相对标准偏差

虽然标准偏差能够反映检测结果的精密程度，但是对于下面两组数据则无法正确体现：

第一组：10.1、10.2、10.3、10.4、10.5，$\bar{x}=10.3$，$SD=0.158$

第二组：0.1、0.2、0.3、0.4、0.5，$\bar{x}=0.3$，$SD=0.158$

虽然这两组数据的 SD 都为 0.158，但第一组数据是在 10.3 的基础上“波动”0.158，第二组数据是在“0.3”的基础上“波动”0.158，两组数据的“波动基础”明显不同。这样，必须引入“相对标准偏差”这个概念来体现这种波动的相对大小。相对标准偏差（*RSD*）的计算公式如式（2－3）：

$$RSD=\frac{SD}{\bar{x}}\times 100\% \tag{2-3}$$

这样，第一组数据的 $RSD=1.5\%$，第二组数据的 $RSD=52.7\%$，精密程度立刻体现出来。

第三节　微生物检验基础知识

微生物是生物中的一支，与传统化合物的最大不同在于微生物是具有生命的物质，是“活”的物体。它广泛分布于自然界的大气层、水层、土壤层以及包括人体在内的各种动植物体内外，同时也充斥于人类生产的各种产品中，它是一种在自然界和人类社会中分布最广的生物。微生物与人类的生产和生活有着非常密切的关系，人类利用微生物生产出各种食品和抗生素，但同时，微生物也可使人致病，因此，微生物的检验、研究、利用和杀灭，是人类生产、生活中重要的活动内容，许多自然科学和社会科学的发展都与微生物学的突破有着密切的关系。

一、微生物的基本特性

微生物是一类体形细小、构造简单的微小生物的总称。人类用肉眼不能直接看见其个体，必须使用光学显微镜放大几百倍、几千倍，甚至使用电子显微镜放大几万倍、几十万倍，才能观察到它的形态、构造以及某些生理活动。

微生物具有自己的特点：个体微小、构造简单、变异容易、繁殖迅速、代谢旺盛、种类繁多、分布广泛等。但同时微生物也具备与其他生物相同的生物学特性，即新陈代谢和遗传变异。

二、微生物的基本结构

绝大多数的微生物都是由细胞组成，如细菌为单细胞微生物，真菌可以是单细胞微生物，也可是多细胞微生物，病毒为非细胞微生物，衣原体、立克次氏体是介于细菌和病毒之间的微生物。在生鲜乳检测工作中遇到的微生物主要是细菌。因此，对细胞的认识是检验细菌的基础。

三、微生物的分类和命名

微生物的结构简单、繁殖速度快、变异容易，可适应不同环境。因此，它成为分布最广、历史最久的生物。在空间上微生物充斥于自然界的各个领域，无论在极地的冰层中还是地面深钻的岩心中均可发现微生物，在人体、动植物及各种产品中也都可发现微生物。在地质年代中微生物不断地演变，变至当今形形色色的种类，它们之间尽管有形态结构和生理特征的千差万别，但也直接或间接地存在一定的亲缘关系。为了科学地从微生物进化角度阐述其亲缘关系以及有效地鉴别各种微生物，各国科学家提出并不断改进微生物的分类系统。

传统的微生物分类系统是形态分类系统，它的通用单位和其他高等生物一样，依次为界、门、纲、目、科、属、种。在两个分类单位之间还可以增加次要分类单位，如亚属、亚种等，也可因特殊要求增设分类单位，如在科、属之间增设族。

国际上对于微生物的命名采用“双名制”命名法，即用两个拉丁词或拉丁化的词来命名一个种，如金黄色葡萄球菌的拉丁文是 *Staphylococcus aureus*，前一个词表示葡萄球菌，后一个词表示金黄色，合起来是金黄色葡萄球菌。为了避免命名的混乱，在拉丁文双名后还附上命名人的姓名及发表年份。例如，金黄色葡萄球菌的全称是 *Staphylococcus aureus* Bergey 1939。

四、微生物的生长和繁殖

微生物在新陈代谢过程中从外界环境摄取营养物质和能量，得以生长和繁殖。外界环境可以是大气、水、土壤等无机世界；也可以是人体、动植物有机世界。在微生物检验工作中人工制备培养基，微生物在其中生长繁殖的结果是形成菌落，同时在新陈代谢中排出二氧化碳和有机酸等废物，这都可作为检验的依据。

复　习　题

1. 简要叙述检测过程中误差的类型和产生原因。

2. 为什么用凯氏定氮法测定生鲜乳中蛋白质含量时，要使用混合指示剂，其主要成分和比例是什么？

3. 相对标准偏差的计算公式是什么？

4. 微生物自身的特点是什么？

第三章　生鲜乳感官检验与理化指标的检测

根据 GB 19301—2010《生乳》标准的规定，生鲜乳的检测指标可分为：感官要求、理化指标、污染物限量、真菌毒素限量、微生物限量、农药残留限量和兽药残留限量。感官要求包括色泽、滋味和气味、组织状态；理化指标包括冰点、相对密度、蛋白质、脂肪、杂质度、非脂乳固体和酸度；污染物限量包括铅、总汞、无机砷、铬和硒；真菌毒素限量包括黄曲霉毒素 M_1；微生物限量主要是指菌落总数；而农药残留限量和兽药残留限量则涉及 200 多种化合物。

本章主要介绍生鲜乳的感官要求与理化指标，并详细讲解生鲜乳的感官检验方法，生鲜乳冰点、相对密度、蛋白质、脂肪、杂质度、非脂乳固体和酸度的检测原理、仪器设备及方法。

第一节　感官检验

感官检验是依据人的感觉器官来判断生鲜乳的颜色、色泽、口感、状态等的一种方法。感官检验指标主要有色泽、组织状态、滋味和气味 3 项。感官检验方法主要从视觉、味觉、嗅觉和触觉 4 个方面进行检验。

一、感官检验指标

(一) 色泽

色泽是感官评价生鲜乳品质的一个重要因素。主要是从明亮度、色调、饱和度三方面进行衡量和比较。

（二）滋味和气味

滋味和气味是指生鲜乳本身所固有的、独特的、正常的气味和味道。生鲜乳的滋味可以通过味觉来检验，气味可以通过嗅觉来检验。

（三）组织状态

组织状态是指从外观上观察生鲜乳的一些特点，如黏稠度、细腻程度等。组织状态也是体现其质量的一个重要指标。

二、生鲜乳的感官特性与感官检验方法

（一）感官特性

正常的生鲜乳应呈乳白色或微黄色，具有乳固有的香味，无异味，呈均匀一致液体，无凝块、无沉淀、无正常视力可见的异物。此外，生鲜乳还不得有红色、绿色或其他异色，不能有苦、咸、涩的滋味和饲料、青贮、霉等其他异味。

（二）感官检验方法

1. 色泽和组织状态　取适量试样置于50毫升无色的玻璃烧杯中，在自然光下观察其色泽和组织状态。

2. 滋味和气味　取适量试样置于50毫升无色的玻璃烧杯中，闻其气味，用温开水漱口，品尝滋味。

3. 鉴别标准

（1）色泽鉴别

良质鲜乳：为乳白色或稍带微黄色。

次质鲜乳：色泽较良质鲜乳为差，白色中稍带青色。

劣质鲜乳：呈浅粉色或显著的黄绿色，或是色泽灰暗。

（2）组织状态鉴别

良质鲜乳：呈均匀的流体，无沉淀、凝块和机械杂质，无黏稠和浓厚现象。

次质鲜乳：呈均匀的流体，无凝块，但可见少量微小的颗

粒，脂肪聚黏表层呈液化状态。

劣质鲜乳：呈稠而不匀的溶液状，有乳凝结成的致密凝块或絮状物。

（3）滋味鉴别

良质鲜乳：具有鲜乳独具的纯香味，滋味可口而稍甜，无其他任何异常滋味。

次质鲜乳：有微酸味（表明乳已开始酸败），或有其他轻微的异味。

劣质鲜乳：有酸味、咸味、苦味等。

（4）气味鉴别

良质鲜乳：具有乳特有的乳香味，无其他任何异味。

次质鲜乳：乳中固有的香味稍小或有异味。

劣质鲜乳：有明显的异味，如酸臭味、牛粪味、金属味等。

三、感官检验的要求与注意事项

由于感官检验不同于其他检验，其主要是靠检验人员的眼睛、鼻、舌等感觉器官进行检验评价，环境对其影响会很大。因此，对检验人员有特殊要求，具体要求如下：

1. 感官检验人员不得有特殊体味，检验时不能使用气味浓郁的化妆品。

2. 检验人员不能处于饥饿状态。

3. 检验人员应该身体健康，心情良好，身体和心情欠佳则不能参加检验。

4. 检验人员检验前 30 分钟，不能食用高香料、辛辣食品，不能喝口味浓重的饮料，不能食用糖果和口香糖。

5. 感官检验场所应该安静、清洁、光线良好、无任何干扰气味。

6. 感官检验的用具和器皿需清洁、无异味。

目前，“乳品评鉴师”已列入我国职业名称目录，从事的工作主要包括对原料乳进行感官质量评价。广大检测员可参考与之相关的各种书籍或培训材料。

第二节　理化指标的检测

生鲜乳理化检验包括冰点、相对密度、蛋白质、脂肪、杂质度、非脂乳固体和酸度的测定。本节主要介绍这些指标的具体检测原理和方法，通过本节的学习能够独立正确地进行上述 7 个指标的测定。

一、冰点的测定

（一）冰点的含义

冰点即凝固点，即物质由液体转化为固体时的温度。牛奶的凝固点习惯上叫“冰点”，用英文“FPD (freezing point depressant)”表示。牛奶的冰点随水分及其他成分含量变化而变化，在正常情况下，生解牛乳的水分约占 85.5%～88.7%，冰点仅在狭小的范围内变动。冰点的单位用℃表示。

（二）检测生鲜乳冰点的作用

纯水的冰点为 0℃，而生鲜牛乳的冰点较纯水低。GB 19301—2010《生乳》标准中规定，对于荷斯坦奶牛所产的牛奶，其冰点变动范围为－0.560～－0.500℃。在实际生产中，造成冰点下降的主要原因是由于生鲜牛乳中含有一定浓度的可溶性乳糖和氯化物等盐类。由于其浓度能保持平衡，故生鲜乳的冰点基本保持一致，只在很小范围内变化。当生鲜乳掺水或掺入其他杂质后，它的组分发生改变，使得乳的物理性质发生变化，其冰点随即升高或降低。

（三）测定方法

1. 原理　生鲜乳样品于冰点下制冷，引晶结冰后连续释放热量，使乳样温度回升至最高点，在短时间内保持恒定，从而可进行温度测定。

2. 试剂和材料 除非另有规定，本方法所用试剂均为分析纯，水为 GB/T 6682 规定的一级水。

（1）氯化钠（NaCl） 氯化钠磨细后置于烘箱中，130℃±5℃干燥 24 小时以上，于干燥器中冷却至室温。

（2）乙二醇（$C_2H_6O_2$）。

（3）校准液 选择两种不同冰点的氯化钠标准溶液，氯化钠标准溶液与被测牛奶样品的冰点值相近，且所选择的两份氯化钠标准溶液的冰点值之差不得少于 0.100℃。

校准液 A：在 20℃室温下，准确称取 6.731 克氯化钠，精确到 0.1 毫克，溶于少量水中，定容至 1 000 毫升容量瓶中。其冰点值为－0.400m℃。

校准液 B：在 20℃室温下，准确称取 9.422 克氯化钠，精确到 0.1 毫克，溶于少量水中，定容至 1 000 毫升容量瓶中。其冰点值为－0.557℃。

（4）冷却液 准确量取 330 毫升乙二醇于 1 000 毫升容量瓶中，用水定容至刻度并摇匀，其体积分数为 33%。

3. 仪器设备

（1）分析天平 感量 0.000 1 克。

（2）冰点仪 冰点仪主要由冷阱、搅拌器、引晶装置、温度传感和显示仪表组成，如图 3－1 所示。

冰点检测仪的工作原理见图 3－2 所示。检测时，将少量的生鲜乳试样放入样品管内，立即置于－7℃的冰浴中，降温直至－3℃，样品的温度由插入其中的热敏电阻测定。振动着的搅拌棒搅动被超冷的牛奶样品，形成冰晶，释放出融化热，样品的温度升高，在冰点温度下保持不变，形成温度平台，此时的温度就是牛奶的冰点。

由于每个品牌的仪器设备，在操作步骤上可能会有所不同，请按照各自说明书进行。在此只简要叙述冰点仪的操作步骤。

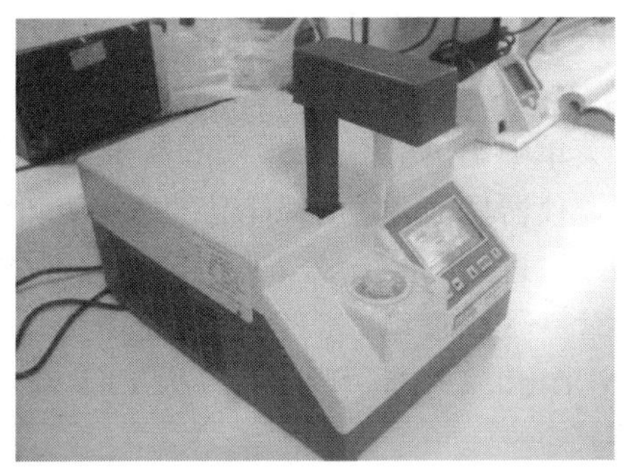

图 3-1　冰点仪

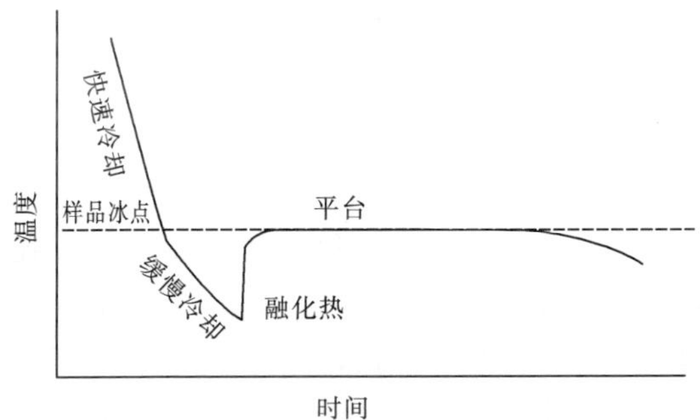

图 3-2　测定牛奶冰点时的温度变化

①打开电源，当探头向上移动时，将盖子打开，将冷却液加入冷阱。

②将盖子盖好，冰点仪会自动进入制冷状态。此时装置会显示出瞬间的制冷温度，依照环境温度，制冷时间约为 30 分钟。制冷结束后，冰点仪可以开始检测样品。

③为了获得精确的数值，每天检测样品前应先校正冰点仪，按左右键，直到“Calibration A”出现，在试管中注入 2 毫升校正液 A，将试管放到检测池中，按回车键（Enter）开始校正，然后按照 A 校正方法同样进行 B 校正。

④准备2毫升左右乳样放入样品瓶，然后把样品瓶放入检测池。

⑤在仪器菜单中调出检测功能“Start measure”，然后回车进行样品检测，仪器显示屏会出现样品的冰点值和掺水率。

⑥操作完成，进行数据记录，进行下一个样品的检测。

（3）样品管 硼硅玻璃，长度50.5毫米±0.2毫米，外部直径为16.0毫米±0.2毫米，内部直径为13.7毫米±0.3毫米。

（4）称量瓶。

（5）容量瓶 1 000毫升。

（6）烘箱 温度可控制在130℃±5℃。

（7）干燥器。

（8）移液器 1～5毫升。

4. 操作步骤

（1）试样制备 测试样品要保存在0～6℃的冰箱中，测试前样品应放至室温，且测试样品和氯化钠标准溶液测试时的温度应保持一致。

（2）仪器预冷 开启冰点仪，等待冰点仪探头升起后，打开冷阱盖，按生产商规定加入相应体积冷却液［2（4）］，盖上盖子，冰点仪进行预冷。预冷30分钟后，开始测量。

（3）常规仪器校准

①A校准 用移液器分别吸取2.20毫升校准液A［2（3）］，依次放入三个样品管中，在启动后的冷阱中插入装有校准液A［2（3）］的样品管。当重复测量值在−0.400℃±0.002℃校准值时，完成校准。

②B校准 用移液器分别吸取2.20毫升校准液B［2（3）］，依次放入三个样品管中，在启动后的冷阱中插入装有校准液B［2（3）］的样品管。当重复测量值在−0.557℃±0.002℃校准值时，完成校准。

（4）样品测定 用移液器将2.20毫升样品转移到一个干燥

清洁的样品管中，将待测样品管放到仪器上的测量孔中。冰点仪的显示器显示当前样品温度，温度呈下降趋势，测试样品达到－3.0℃时启动引晶的机械振动，搅拌金属棒开始振动引晶，温度上升，当温度不再发生变化时，冰点仪停止测量，探头升起，显示温度即为样品冰点值。

测试结束后，应保证探头和搅拌金属棒清洁、干燥，必要时，可用柔软洁净的纱布仔细擦拭。

如果引晶在达到－3.0℃之前发生，则该测定作废，需重新取样。测定结束后，移走样品管，并用水冲洗温度传感器和搅拌金属棒并擦拭干净。

5. 结果计算和表示　如果常规校准检查的结果证实仪器校准的有效性，则取两次测定结果的平均值，保留 3 位有效数字。

在重复性条件下获得的两次独立测定结果的绝对差值不超过 0.004℃。

（四）注意事项

1. 开启冰点仪后，在冷阱中加入相应体积的冷却液，预冷 30 分钟再开始进行测量。

2. 为保证测定结果的稳定性，宜在挤奶 3 小时之后进行冰点测定。

3. 样品未经引晶而自行结冰的测试结果作废，需重新取样测定。

4. 测试 50 个样品后，要检查冷却液的液位是否处于冷阱 1/3处。如果冷却液被样品污染，应立即更换冷却液。冷却液应一周更换一次，或者长期不使用时也应更换。

5. 每天测样之前先进行常规校准，两次连续的测定值变化不超过 0.004℃，如连续使用冰点仪，至少每隔 1 小时需进行一次常规校准。勿将 A、B 校正液混放，校正的顺序应先执行 A 校正，再执行 B 校正。

二、相对密度的测定

（一）相对密度的含义

在规定温度下（通常为 20℃），一种物质的密度与水在 4℃时的密度的比值。

（二）相对密度的作用

相对密度是物质的重要物理参数。液体食品的相对密度可反映食品的浓度和纯度。在正常条件下，各种液体食品都有一定的相对密度范围，生鲜乳的相对密度一般是指 20℃生鲜乳的密度与 4℃水的密度的比值。GB 19301—2010《生乳》标准规定，生乳的相对密度应大于等于 1.027。

当液体食品中出现掺假、脱脂、浓度或品质改变时，其相对密度都会发生变化。因此，测定相对密度可初步判断液体食品质量是否正常及其纯度。

相对密度的测定方法比较简单、快速，常用密度计测定。

（三）相对密度的测定方法

1. 原理 利用密度计在乳中受到的浮力与自身重力相平衡的原理，测定乳的相对密度。

2. 材料

（1）200～250 毫升玻璃圆筒或玻璃量筒。

（2）温度计。

（3）密度计（乳汁计） 20℃/4℃。

密度计是一根密闭的玻璃管，一端粗细均匀，内壁贴有刻度纸，另一端头稍膨大成泡状，泡里装有小铅粒（图 3－3）。

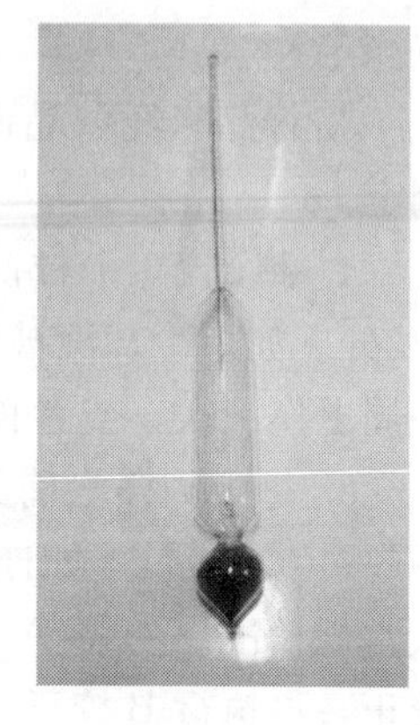

图 3－3

密度计是物体漂浮条件的一个应用，它测量液体密度的原理是根据阿基米德定律和物体浮在液面上的条件设计制成的。

当密度计浮在液面上时，密度计受到的浮力等于它自身的重力。

使用时，将密度计轻轻插入装有生鲜乳样品的量筒内，然后慢慢松手，让密度计自由沉浮，静止几分钟后读数。注意密度计不能与量筒壁接触。当乳样的温度不是20℃时，需要用温度计测定乳样的温度，然后对照换算表（表3－1）进行校正。

使用后，将密度计清洗干净，用试纸擦干。然后放入到纸管中妥善保存，注意轻拿轻放。

3. 操作步骤　取混匀并调节温度为10～25℃的乳样，小心倒入玻璃圆筒内，勿使其产生泡沫并测量样品温度。小心将密度计放入样品中到相当刻度30°处，然后让其自然浮动，但不能与筒内壁接触。静止2～3分钟后，眼睛平视生乳液面的高度，读取数值。根据表3－1，将该温度下密度计的读数换算成20℃时的读数。

表3－1　密度计读数与温度20℃时的读数换算表

密度计读数		25	26	27	28	29	30	31	32	33	34	35	36
鲜乳温度（℃）	10	23.3	24.2	25.1	26.0	26.9	27.9	28.8	29.8	30.7	31.7	32.6	33.5
	11	23.5	24.4	25.3	26.1	27.1	28.1	29.0	30.0	30.8	31.9	32.8	33.8
	12	23.6	24.5	25.4	26.3	27.3	28.3	29.2	30.2	31.1	32.1	33.1	34.0
	13	23.7	24.7	25.6	26.5	27.5	28.5	29.4	30.4	31.2	32.3	33.3	34.3
	14	23.9	24.9	25.7	26.6	27.6	28.6	29.6	30.6	31.5	32.5	33.5	34.5
	15	24.0	25.0	25.9	26.8	27.8	28.8	29.8	30.7	31.7	32.7	33.7	34.7
	16	24.2	25.2	26.1	27.0	28.0	29.0	30.0	31.0	32.0	33.0	34.0	34.9
	17	24.4	25.4	26.3	27.3	28.3	29.3	30.3	31.2	32.2	33.2	34.2	35.2
	18	24.6	25.6	26.5	27.5	28.5	29.5	30.5	31.5	32.5	33.5	34.5	35.6
	19	24.8	25.8	26.8	27.8	28.8	29.8	30.8	31.8	32.8	33.8	34.7	35.7
	20	25.0	26.0	27.0	28.0	29.0	30.0	31.0	32.0	33.0	34.0	35.0	36.0
	21	25.2	26.2	27.2	28.2	29.2	30.2	31.2	32.3	33.3	34.3	35.3	36.2
	22	25.4	26.4	27.5	28.5	29.5	30.5	31.5	32.5	33.5	34.4	35.5	36.5
	23	25.5	26.6	27.7	28.7	29.7	30.7	31.7	32.8	33.8	34.8	35.8	36.7
	24	25.8	26.8	27.9	29.0	30.0	31.0	32.0	33.0	34.1	35.1	36.1	37.0
	25	26.0	27.0	28.1	29.2	30.2	31.2	32.2	33.3	34.3	35.3	36.3	37.2

4. 结果计算 相对密度按照公式（3－1）计算：

$$\rho_4^{20} = \frac{X}{1\,000} + 1.000 \tag{3-1}$$

式中：ρ_4^{20} ——样品的相对密度；

X——密度计的读数。

使用 20℃/4℃的密度计，且生鲜乳样品的温度为 20℃时，该样品的相对密度可由公式（3－1）直接计算。如果生鲜乳样品的温度不是 20℃，则要查表 3－1，将该温度下的读数换算成 20℃时密度计的读数，然后再代入公式（3－1）计算。

三、蛋白质的测定

（一）蛋白质的含义

蛋白质是牛乳的重要营养成分之一，乳蛋白质主要由酪蛋白、乳清蛋白组成。牛乳蛋白质含有 8 种人体必需的氨基酸，是人体最佳的蛋白质来源。因此，蛋白质含量是衡量生鲜乳品质的重要指标。GB 19301—2010《生乳》标准规定，每 100 克生乳中蛋白质含量必须大于等于 2.8 克。

（二）蛋白质的作用

乳中蛋白质的主要作用就是为人体提供蛋白质和氨基酸来源，补充人体必需的氨基酸。

（三）检测方法

GB 5009.5—2010《食品中蛋白质的测定》是 GB 19301—2010《生乳》标准中规定的测定蛋白质含量的方法。生鲜乳样品中蛋白含量较高，适合用凯氏定氮法进行检测。但该方法不适用于添加无机含氮物质、有机非蛋白质含氮物质的食品测定。下面对凯氏定氮法进行详细介绍。

1. 原理 蛋白质和非蛋白态的含氮化合物，如氨、游离氨基酸、尿素、肌酸及嘌呤碱等，在催化剂的作用下，被硫酸分解生成硫酸铵。然后碱化蒸馏出氨气，并用硼酸溶液吸收，最后用标准盐酸溶液滴定，根据实际消耗标准盐酸的量计算总氮量，再乘以换算系数得到粗蛋白质含量。

2. 试剂和材料　除非另有说明，仅使用分析纯试剂和GB/T 6682中规定的三级水。

（1）*硼酸吸收液*　1%硼酸溶液10升加入70毫升甲基红－乙醇溶液（0.1%）与100毫升溴甲酚绿－乙醇溶液（0.1%）。

（2）40%氢氧化钠溶液。

（3）98%浓硫酸。

（4）$CuSO_4-K_2SO_4$ *混合催化剂*　将$CuSO_4$和K_2SO_4按质量比1∶9混匀、研细。也可使用凯氏定氮仪专用催化剂片剂。

（5）0.1摩尔/升盐酸标准溶液。

3. 仪器设备

全自动凯氏定氮仪主要是由控制面板、蒸汽发生器、酸泵、试剂桶、滴定缸、蒸馏管和托架组成（图3－4）。

样品中的蛋白质与浓硫酸和催化剂一同加热消化，使蛋白质分解，生成的氨与硫酸结合生成硫酸铵。然后碱化蒸馏，使氨游离，用硼酸吸收后，再用盐酸标准溶液滴定，根据酸的消耗量乘以换算系数，求出样品中蛋白质的含量。全自动凯氏定氮仪的加液、蒸馏、滴定和计算均由仪器自动完成，实验员只需在消化炉上将样品消化好，然后直接放于仪器上进行蒸馏滴定，大约5分钟即可出结果。

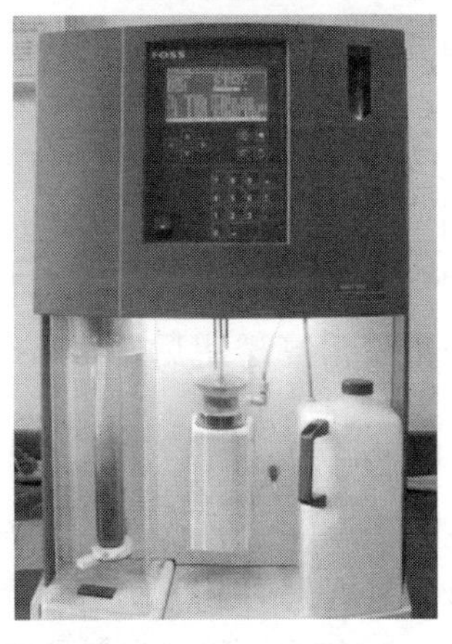

图3－4　凯氏定氮仪

虽然每个品牌的仪器操作稍有不同，但基本可以按照下述方法使用全自动凯氏定氮仪。

①先检查各试剂桶中的试剂是

否能满足本次分析使用。

②打开电源开关，仪器自动进入自检状态。

③自检完毕，仪器显示选择功能键，这时按下“ANALYSE”按钮，仪器进入分析界面。

④反复测定空管约五六次，至仪器稳定。

⑤使用含氮的标准物质如硫酸铵，测定仪器的回收率，应在98%～102%之间。

⑥仪器状态调整好后，将消化好的试剂空白管放于仪器上进行分析，得出空白值，输入在“Blank”处。

⑦测定完试剂空白管后，选择分析程序和结果单位，依次将每个消化好的消化管，放在仪器上进行分析。

每次仪器使用后，需要清洗凯氏定氮仪的循环系统。首先在蒸馏装置中放入一根空的消化管，运行加水程序“ADD WATER”，加水至消化管中，然后运行蒸汽开始程序“STEAM ON”，产生蒸汽约5分钟，以清洗仪器内部的管路系统，最后按任意键取消蒸汽系统，取下消化管，关闭电源。另外，还要清洗滴流盘、滴定缸及橡皮头等设备部件。

4. 操作步骤 准确称取1.00克的生鲜乳样品（相当于氮含量为30～40毫克）于消化管中，加入10.0毫升浓硫酸和一片专用催化剂（或约1克的$CuSO_4-K_2SO_4$混合催化剂），在消解炉上，于通风橱内，缓慢加热到420℃消化，直至溶液清亮透明后，再继续加热0.5小时，取下冷却至室温。同时做试剂空白。

将消化好的试样，放入凯氏定氮仪的蒸馏装置中进行蒸馏，在仪器操作板上设置参考条件为：硼酸溶液30毫升、水40毫升、氢氧化钠溶液50毫升，用0.1摩尔/升盐酸标准溶液滴定。

5. 结果计算 生鲜乳中蛋白质含量可按式（3-2）计算：

$$W=\frac{c\times(V_1-V_0)\times 0.014\times 6.38}{m}\times 100\% \quad (3-2)$$

式中：W——乳中蛋白质的质量分数，%；

c——盐酸标准溶液的浓度，摩尔/升；

V_0——试剂空白所消耗的盐酸标准溶液的体积，毫升；

V_1——试样所消耗的盐酸标准溶液的体积，毫升；

m——样品的质量，克；

0.014——氮的毫摩尔质量，克/毫摩尔；

6.38——将生鲜乳中的氮换算为蛋白质的系数。

在重复性条件下获得的两次独立测定结果的绝对差值不得超过算术平均值的10%。结果保留3位有效数字。

四、脂肪的测定

（一）乳脂肪的含义

乳脂肪是生鲜乳的主要成分之一，含量一般为3%～5%，对乳的风味起着重要的作用。乳脂肪以脂肪球的形式分散于乳中。以生鲜牛乳为例，其脂肪主要是由甘油三酯（98%～99%）、少量的磷脂（0.2%～1.0%）和甾醇（0.25%～0.4%）等组成。牛乳中的脂肪酸可分为3类：第一类为水溶性挥发性脂肪酸，例如丁酸、乙酸、辛酸和癸酸等；第二类是非水溶性挥发性脂肪酸，例如十二碳酸等；第三类是非水溶性不挥发性脂肪酸，例如十四碳酸、二十碳酸、十八碳烯酸和十八碳二烯酸等。乳脂肪的脂肪酸组成受饲料、营养、环境、季节等因素的影响。一般夏季放牧期间乳脂肪中不饱和脂肪酸含量升高，而冬季舍饲期不饱和脂肪酸含量降低，所以夏季加工的奶油其熔点比较低。牛乳脂肪中含有C_{20}～C_{23}的奇数碳原子脂肪酸，也发现有带侧链的脂肪酸。乳脂肪的不饱和脂肪酸主要是油酸，占不饱和脂肪酸总量的70%左右。GB 19301—2010《生乳》标准中规定，每100克生乳脂肪的含量必须大于等于3.1克。

（二）乳脂肪的作用

脂肪是食品中重要的营养成分之一。脂肪可为人体提供必需的脂肪酸，是一种富含热能的营养素，是人体热能的主要来源，每克脂肪在体内可提供37.62千焦（约合9千卡）的热量，比碳水化合物或蛋白质高一倍以上，是食物中能量最高的营养素。

脂肪是脂溶性维生素的良好溶剂，有助于脂溶性维生素的吸收。脂肪与蛋白质结合生成脂蛋白，在调节人体生理机能和完成体内生化反应方面都起着十分重要的作用，在食品加工过程中，原料、半成品、成品的脂类含量对产品的风味、组织结构、品质、外观、口感等都有直接的影响。脂肪是食品质量管理中的一项重要指标。测定食品的脂肪含量，可以用来评价食品的品质，衡量食品的营养价值。

（三）测定方法——毛氏抽脂瓶法

本方法是GB 19301—2010《生乳》标准中规定的检测生鲜乳中脂肪的标准方法，也是GB 5413.3—2010《婴幼儿食品和乳品中脂肪的测定》第一法中规定的方法，操作较复杂，而且需要专用的离心机，请广大检测员注意，以相关标准为准。

1. 原理 用乙醚和石油醚抽提样品的碱水解液，通过蒸馏或蒸发去除溶剂，测定溶于溶剂中的抽提物的质量。

2. 试剂和材料 除非另有规定，本方法所用试剂均为分析纯，水为GB/T 6682规定的三级水。

（1）氨水（NH_4OH） 质量分数约25%或更高。

（2）乙醇（C_2H_5OH） 体积分数至少为95%。

（3）乙醚（$C_4H_{10}O$） 不含过氧化物，不含抗氧化剂，满足试验的要求。

（4）石油醚（C_nH_{2n+2}） 沸程30～60℃。

（5）混合溶剂 等体积混合乙醚和石油醚，使用前制备。

（6）碘溶液（I_2） 约0.1摩尔/升。

（7）盐酸（6摩尔/升） 量取50毫升盐酸（12摩尔/升）缓慢倒入40毫升水中，定容至100毫升，混匀。

（8）刚果红溶液（$C_{32}H_{22}N_6Na_2O_6S_2$） 将1克刚果红溶于

水中，稀释至 100 毫升。可选择性地使用。该溶液可使溶剂和水相界面清晰，也可使用其他能使水相染色而不影响测定结果的溶液。

3. 仪器设备

（1）分析天平　感量 0.000 1 克。

（2）干燥箱　能调节到 102℃±2℃。

（3）水浴锅。

（4）毛氏抽脂瓶。

（5）与毛氏抽脂瓶配套的离心机　500～600 转/分。

4. 操作步骤

（1）于干燥的脂肪收集瓶中加入几粒沸石，放入烘箱中干燥 1 小时。使脂肪收集瓶冷却至室温，称量，精确至 0.1 毫克。脂肪收集瓶可根据实际需要自行选择。

（2）空白试验与样品检验同时进行，使用相同步骤和相同试剂，但用 10 毫升水代替试样。

（3）称取充分混匀试样 10 克（精确至 0.000 1 克）于抽脂瓶中。加入 2.0 毫升氨水，充分混合后立即将抽脂瓶放入65℃±5℃的水浴中，加热 15～20 分钟，不时取出振荡。取出后，冷却至室温。静止 30 秒。加入 10 毫升乙醇，缓慢且彻底地进行混合，避免液体太接近瓶颈。如果需要，可加入 2 滴刚果红溶液。加入 25 毫升乙醚，塞上瓶塞，将抽脂瓶保持在水平位置，小球的延伸部分朝上夹到摇混器上，按约 100 次/分钟振荡 1 分钟，也可采用手动振摇方式。但均应注意避免形成持久乳化液。待抽脂瓶冷却后，小心地打开塞子，用少量的混合溶剂冲洗塞子和瓶颈，使冲洗液流入抽脂瓶。再加入 25 毫升石油醚，塞上重新润湿的塞子，按前面“塞上瓶塞，……”所述，轻轻振荡 30 秒。将带塞的抽脂瓶放入离心机中，在 500～600 转/分下离心 5 分钟。小心地打开瓶塞，用少量的混合溶剂冲洗塞子和瓶颈内壁，使冲洗液流入抽脂瓶。如果两相界面低于小球与瓶身相接处，则沿瓶壁边缘慢慢地加入水，使液面高于小球和瓶身相接处（图 3－5），以便于倾倒。将上层液尽可能地倒入已准备好的加入沸石的脂肪收集瓶中，避免倒出水层（图 3－6）。用少量混合溶剂冲洗瓶颈外部，冲洗液收集在脂肪收集瓶中。要防止溶剂溅到抽脂瓶的外面。

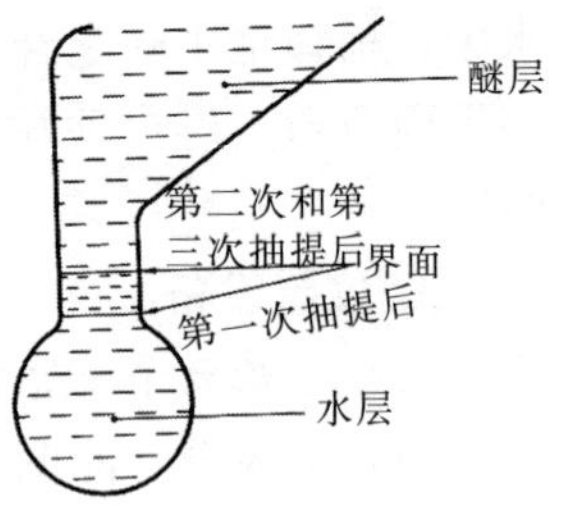

图 3－5 倾倒醚层前

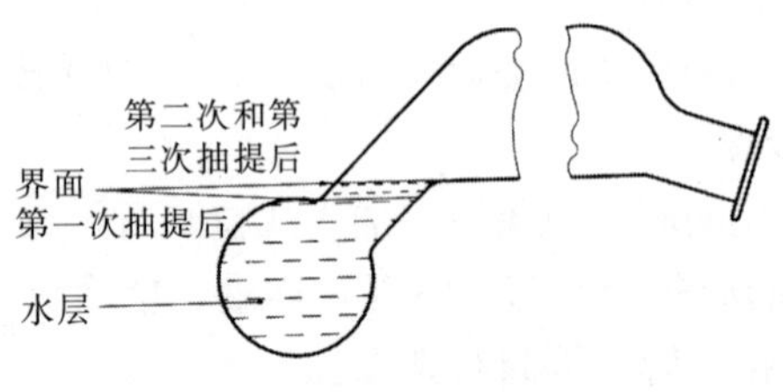

图 3－6 倾倒醚层后

（4）向抽脂瓶中加入 5 毫升乙醇，用乙醇冲洗瓶颈内壁，按（3）中“加入 10 毫升乙醇，……”所述进行混合。重复后面的操作，再进行第二次抽提，但只用 15 毫升乙醚和 15 毫升石油醚。

（5）重复按照（3）中“加入 10 毫升乙醇，缓慢且彻底地进行混合，……”所述进行操作，再进行第三次抽提，同样只用 15 毫升乙醚和 15 毫升石油醚。如果产品中脂肪的质量分数低于 5%，可只进行两次抽提。

（6）合并所有提取液，既可采用蒸馏的方法除去脂肪收集瓶中的溶剂，也可于沸水浴上蒸发至干来除掉溶剂。蒸馏前用少量混合溶剂冲洗瓶颈内部。

（7）将脂肪收集瓶放入 102℃±2℃的烘箱中加热 1 小时，取出脂肪收集瓶，冷却至室温，称量，精确至 0.1 毫克。重复加热、冷却、称量的操作，直到脂肪收集瓶两次连续称量差值不超过 0.5 毫克，记录脂肪收集瓶和抽提物的最低质量。

（8）为验证抽提物是否全部溶解，向脂肪收集瓶中加入25毫升石油醚，微热，振摇，直到脂肪全部溶解。

如果抽提物全部溶于石油醚中，则含抽提物的脂肪收集瓶的最终质量和最初质量之差，即为脂肪含量。

如果抽提物未全部溶于石油醚中，或怀疑抽提物是否全部为脂肪，则用热的石油醚洗提。小心地倒出石油醚，不要倒出任何不溶物，重复此操作3次以上，再用石油醚冲洗脂肪收集瓶口的内部。最后，用混合溶剂冲洗脂肪收集瓶口的外部，避免溶液溅到瓶的外壁。将脂肪收集瓶放入102℃±2℃的烘箱中，加热1小时，按（7）所述方法称量脂肪收集瓶和抽提物的最低质量。取（7）中测得的质量和（8）测得的质量之差作为脂肪的质量。

5. 结果计算

生鲜乳样品中脂肪含量按公式（3-3）计算：

$$X=\frac{(m_1-m_2)-(m_3-m_4)}{m}\times 100\% \qquad (3-3)$$

式中：X——生鲜乳样品中脂肪含量，%；

m——样品的质量，克；

m_1——（7）中测得的脂肪收集瓶和抽提物的质量，克；

m_2——脂肪收集瓶的质量，或在有不溶物存在下（8）中测得的脂肪收集瓶和不溶物的质量，克；

m_3——空白试验中脂肪收集瓶和（7）中测得的抽提物的质量，克；

m_4——空白试验中脂肪收集瓶的质量，或在有不溶物存在时（8）中测得的脂肪收集瓶和不溶物的质量，克。

以重复性条件下获得的两次独立测定结果的算术平均值表示，结果保留三位有效数字。

当脂肪含量≤5%时，在重复性条件下获得的两次独立测定结果之差应小于0.1%，即0.1克/100克。

6. 注意事项

（1）空白试验检验试剂　要进行空白试验，以消除环境及温度对检验结果的影响。

进行空白试验时在脂肪收集瓶中放入 1 克新鲜的无水奶油。必要时，于每 100 毫升溶剂中加入 1 克无水奶油后重新蒸馏，重新蒸馏后必须尽快使用。

（2）空白试验与样品测定同时进行　对于存在非挥发性物质的试剂可用与样品测定同时进行的空白试验值进行校正。抽脂瓶与天平室之间的温差可对抽提物的质量产生影响。在理想的条件下（试剂空白值低，天平室温度相同，脂肪收集瓶充分冷却），该值通常小于 0.5 毫克。在常规测定中，可忽略不计。

如果全部试剂空白残余物大于 0.5 毫克，则分别蒸馏 100 毫升乙醚和石油醚，测定溶剂残余物的含量。用空的控制瓶测得的量和每种溶剂残余物的含量都不应超过 0.5 毫克。否则应更换不合格的试剂或对试剂进行提纯。

（3）乙醚中过氧化物的检验　取一只玻璃小量筒，用乙醚冲洗，然后加入 10 毫升乙醚，再加入 1 毫升新制备的 100 克/升的碘化钾溶剂，振荡，静置 1 分钟，两相中均不得有黄色。也可使用其他适当的方法检验过氧化物。

在不加抗氧化剂的情况下，为长久保证乙醚中无过氧化物，使用前 3 天按下法处理：

将锌箔削成长条，长度至少为乙醚瓶的一半，每升乙醚用 80 厘米^2 锌箔。使用前，将锌片完全浸入每升中含有 10 克五水硫酸铜和 2 毫升质量分数为 98%的硫酸中 1 分钟，用水轻轻彻底地冲洗锌片，将湿的镀铜锌片放入乙醚瓶中即可。也可以使用其他方法，但不得影响检测结果。

（4）试验中使用的有机溶剂，如乙醚、乙醇和石油醚等，都是易燃易爆的物品，操作时必须在通风橱内进行，而且实验操作台附近不能有明火。另外，乙醚和石油醚的沸点较低，萃取震荡时要少摇多放气，避免试剂喷出。

(四) 测定方法——盖勃法

本方法是 GB 5413.3—2010《婴幼儿食品和乳品中脂肪的测定》中规定的第二法，操作简便，但需要使用盖勃离心机。由于离心机内可以同时处理许多样品，所以检测速度较快，特别适用于大批量样品的测定。

1. 原理　用硫酸破坏乳品的乳胶质和脂肪球表面的蛋白质外膜，再用异戊醇将磷脂与蛋白质分离，从而使脂肪合并成为油层，然后通过离心将脂肪分离，根据乳脂计中脂肪柱的读数，计算脂肪的质量分数。

2. 试剂和仪器设备

(1) 硫酸　相对密度约为 1.84 (20℃/4℃)。

(2) 异戊醇　分析纯。

(3) 盖勃离心机　转速 1 100 转/分。

盖勃离心机主要由机器盖、电动机、八孔转盘和控制面板组成，如图 3-7 所示。

图 3-7　盖勃离心机

它利用离心机转子高速旋转产生的强大离心力，加快生鲜乳样品中蛋白质的沉降速度，使脂肪迅速完全地分离出来。

使用时，设定好转速、时间和温度等条件，将盖勃氏乳脂计置于离心机的转盘上，盖好机器盖，按下“开始”按钮进行离心，达到设定的时间后，仪器会自动停止转动，打开盖子取出乳脂计即可。

由于仪器工作时，内部转子在高速旋转，所以设备应放置在坚固平稳的工作台面上。如果乳脂计破碎，则应立刻将离心机内破碎的玻璃清理干净，避免离心机离心时损坏电动机而将试剂洒出后腐蚀仪器内部。

（4）盖勃氏乳脂计。

（5）水浴锅 65～70℃。

3. 操作步骤 于盖勃氏乳脂计中先加入 10.0 毫升硫酸，再沿着管壁小心准确加入 10.75 毫升样品，使样品与硫酸不要混合，以防止试样炭化。

加入 1.0 毫升异戊醇，塞上橡皮塞，使瓶口向下，同时用布包裹以防冲出，用力振摇，使溶液呈均匀棕色液体，瓶口向下静置数分钟，然后置于 65～70℃水浴中 5 分钟。

将盖勃氏乳脂计放入盖勃离心机中以 1 100 转/分的转速离心 5 分钟，再置于 65～70℃水浴中，注意水浴水面应高于乳脂计脂肪层，5 分钟后取出，立即读数。

4. 结果计算 乳脂计上的读数即为生鲜乳样品中脂肪的含量，单位为克/100 克。在重复性条件下获得的两次独立测定结果的绝对差值不得超过算术平均值的 5%。

5. 注意事项

（1）读数时要将盖勃氏乳脂肪柱下弯月面放在与眼同一水平面上，以弯月面下沿为准。

（2）应鉴定异戊醇中的杂质，按操作步骤摇匀后，静置 24 小时，如果在盖勃氏乳脂计上部无“油层”或“油珠”析出，则此异戊醇可用。

五、杂质度的测定

（一）杂质度的含义

杂质度是指乳中含有的杂质的量，是衡量乳品质量的重要指标。杂质主要是指乳品在生产及运输的过程中带入的草、沙及灰尘等异物。在 GB 19301—2010《生乳》中明确规定生鲜乳的杂质度必须小于等于 4.0 毫克/千克。

（二）测定杂质度的作用

生鲜乳中的杂质主要是在挤乳及生产运输过程中带入的草、沙及灰尘等异物，杂质度高则说明该乳样不干净、品质低。

（三）测定方法

1. 原理　取定量的生鲜乳样品，通过一定大小口径的棉质过滤板过滤，用特制的含有不同杂质沉淀量的标准比色板，与此过滤板的杂质沉淀颜色相比，即可测出该样品内杂质的浓度。

2. 仪器设备　除实验室常规器具以外，还应包括如下设备：

（1）杂质度过滤机　杂质度过滤机由抽滤泵、过滤漏斗和机架组成，如图 3－8 所示。

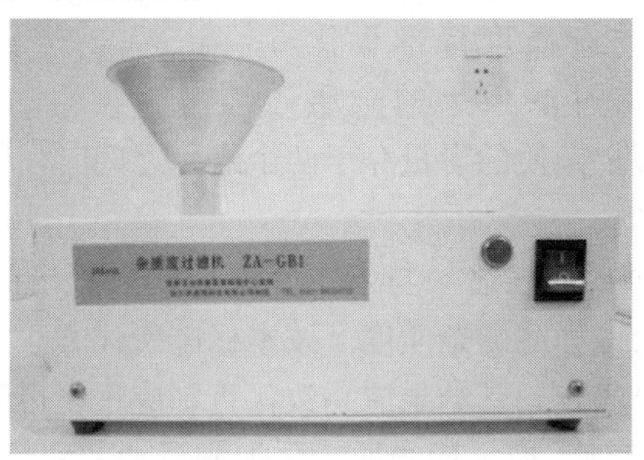

图 3－8　杂质度过滤机

通过抽真空让生鲜乳样品快速通过棉质过滤板，其中的杂质不能通过则留在棉质过滤板上，烘箱中烘干，用杂质度标准板与之比较，从而得出生鲜乳样品中杂质的含量。

使用时，将新的棉质过滤板放在过滤漏斗上，接通电源。开启抽滤泵的开关，将生鲜乳样品慢慢倒入过滤漏斗内，过滤完全，然后用水冲洗附于过滤板上的样品，将过滤板取下置于烘箱中烘干。与标准杂质度板比较定量。

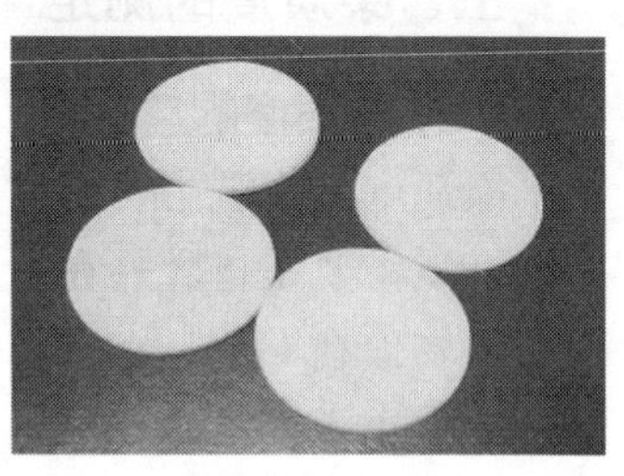

图 3－9　棉质过滤板

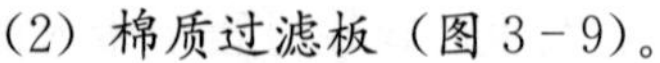

（2）棉质过滤板（图 3－9）。

（3）杂质度标准板（图 3－10）。

（4）干燥箱　100℃。

3. 操作步骤　取液体生鲜乳样品 500 毫升，加热至 60℃，于杂质度过滤机的棉质过滤板上过滤，然后用水冲洗附于过滤板上的样品。将过滤板置于 100℃ 的烘箱中烘干后，在非直接但均匀的光亮处与杂质度标准板比较，即可得出过滤板上的杂质量。当过滤板上杂质的含量介于两个级别之间时，判定为杂质含量较多的级别。

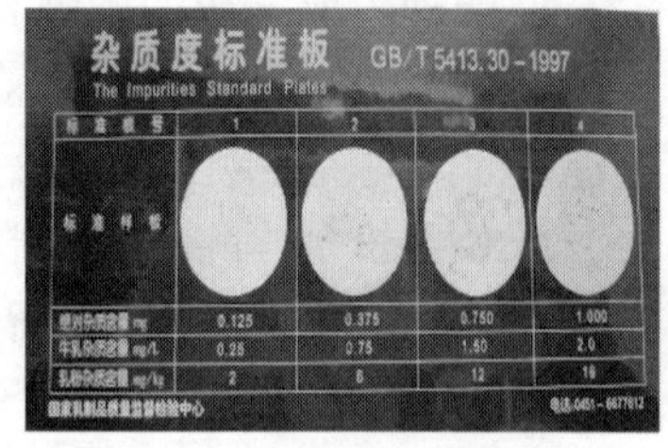

图 3－10　杂质度标准板

4. 分析结果的表述　与杂质度标准比较得出的过滤板上的杂质量，即为该样品的杂质度。按本标准所述方法对同一样品所作的两次重复测定，其结果应一致，否则应重复再测定两次。

5. 注意事项　应定期给抽滤泵加润滑油，使泵能正常运转，避免锈蚀。

检测的样品应缓慢加入到过滤漏斗中，避免外溢的样品流入仪器内部，损坏抽滤泵。

六、非脂乳固体的测定

（一）非脂乳固体的含义

非脂乳固体是指生鲜乳中除了脂肪和水分之外的物质的总称。GB 19301—2010《生乳》标准规定，每 100 克生乳的非脂乳固体含量必须大于等于 8.1 克。

（二）非脂乳固体的作用

非脂乳固体主要是由蛋白质、乳糖、矿物质和微量元素、维生素等成分组成。其中的蛋白质主要由酪蛋白和乳清蛋白组成，乳中的蛋白质是全价蛋白，其消化率可高达 98%。此外，蛋白质还具有水合作用，可保证油脂在水中的乳化稳定性。乳糖是最容易消化吸收的糖类，可促进人体对钙和铁的吸收，增强肠胃蠕动，促进排泄。乳中的矿物质和微量元素都处于溶解状态，而且各种矿物质的含量和比例，特别是钙、磷的比例，比较合适，很容易被人体消化吸收。维生素是人体为维持正常的生理功能而必须从食物中获得的一类微量有机物质，它以辅酶或酶的形式，参与人体内的各种生化反应，维持和调节机体的正常代谢。可见，非脂乳固体中也存在许多营养成分，也是评价生鲜乳质量的重要指标之一。

（三）测定方法

1. 原理　生鲜乳样品直接干燥至恒重，即为总固体含量，减去脂肪含量即得非乳脂固体含量。

2. 材料和仪器设备

（1）分析天平　感量 0.000 1 克。

（2）干燥箱。

（3）水浴锅。

（4）称量皿　带盖铝、不锈钢或玻璃制的称量皿。

（5）石英砂。

（6）短玻璃棒。

3. 操作步骤 取直径5～7厘米洁净的称量皿，内加20克精制石英砂及一根短玻璃棒，置于100℃±2℃的干燥箱内，皿盖不要盖上，加热2.0小时，取出将称量皿盖盖上，置于干燥器内冷却至室温，称量，并重复干燥至恒重。准确称取5.0克生鲜乳样品于恒重的称量皿内，用短玻璃棒拌匀，置沸水浴上蒸干，并随时搅拌。蒸干后，擦去皿外的水渍，置于100℃±2℃干燥箱内干燥3小时，取出放入干燥器中冷却0.5小时，称量，再于100℃±2℃干燥箱中干燥1小时，取出冷却后称量，直至前后两次质量相差不超过1.0毫克，即为恒重。

4. 结果计算 生鲜乳样品中总固体的含量按公式（3－4）计算：

$$X_1=\frac{m_1-m_2}{m_3-m_2}\times100\% \tag{3-4}$$

式中：X_1——样品中总固体的含量，%；

m_1——皿和石英砂加样品干燥后的质量，克；

m_2——皿和石英砂的质量，克；

m_3——皿和石英砂加样品的质量，克。

生鲜乳样品中非乳脂固体的含量按公式（3－5）计算：

$$X_2=X_1-F \tag{3-5}$$

式中：F——样品中脂肪的含量，%；

X_1——样品中总固体的含量；

X_2——样品中非脂固体的含量%。

以重复性条件下获得的两次独立测定结果的算术平均值表示，结果保留3位有效数字。

七、酸度的测定

（一）酸度的含义

生鲜乳中原有的酸度，称为自然酸度。生鲜牛乳的自然酸度主要是由于乳中蛋白质、柠檬酸盐、磷酸盐及CO_2等酸性物质构成。鲜乳挤出后存放过程中，由于细菌的繁殖，在乳酸菌的作用下，乳糖分解产生乳酸，从而使牛乳的酸度升高，这部分酸度为发酵酸度。

自然酸度和发酵酸度之和称为总酸度。通常测定的生鲜乳的酸度即为总酸度。乳的酸度常用吉尔涅尔度（°T）来表示。吉尔涅尔度是以中和 100 克乳所消耗的 0.100 0 摩尔/升氢氧化钠的毫升数来表示。

GB 19301—2010《生乳》标准规定，荷斯坦奶牛生乳的酸度必须在 12～18°T 之间，生鲜羊乳的酸度必须在 6～13°T 之间。

（二）测定酸度的作用

在对生鲜乳的评定系统中，通常以酸度来衡量乳的新鲜程度。乳的酸度增高主要是微生物活动的结果。因此，测定乳的酸度可以判断乳是否新鲜。

（三）酸度的测定原理及方法

1. 原理　以酚酞为指示剂，用氢氧化钠标准溶液（0.100 0 摩尔/升）滴定至终点，根据消耗的氢氧化钠标准溶液体积的毫升数，经过计算可以得到酸度。

2. 试剂和材料　除非另有规定，本方法所用试剂均为分析纯或以上规格，水为 GB/T 6682 规定的三级水。

（1）0.100 0 摩尔/升氢氧化钠标准滴定溶液。

（2）0.5%酚酞指示液：称取 0.5 克酚酞溶于 75 毫升 95%的乙醇中，并加入 20 毫升水，然后再加入氢氧化钠溶液直至粉红色，再加入水定容至 100 毫升。

3. 仪器设备

（1）分析天平　感量 0.000 1 克。

（2）碱式滴定管　最小刻度为 0.1 毫升。

4. 操作步骤　称取 10 克已混匀的乳样（精确至 0.000 1 克），置于 150 毫升锥形瓶中，加 20 毫升新煮沸冷却至室温的水，混匀。再加入 2.0 毫升酚酞指示液，混匀，用氢氧化钠标准溶液滴定至初现粉红色，并在 0.5 分钟内不褪色，记录消耗的氢氧化钠标准滴定溶液毫升数。

5. 结果计算和表示 试样中的酸度数值以（°T）表示，按公式（3－6）计算：

$$酸度=\frac{c\times V\times 100}{0.1\times m} \quad (3-6)$$

式中：c——氢氧化钠标准溶液的摩尔浓度，摩尔/升；

V——滴定时消耗氢氧化钠标准溶液的体积，毫升；

m——样品的质量，克；

0.1——酸度理论定义氢氧化钠的摩尔浓度，摩尔/升。

以重复性条件下获得的两次独立测定结果的算术平均值表示，结果保留 3 位有效数字。

在重复性条件下获得的两次独立测定结果的绝对差值不得超过 1.0 °T。

八、体细胞的测定

生鲜乳中的体细胞是指牛乳中混杂的上皮细胞和白细胞。体细胞数（somatic cells count，SCC）通常以每毫升生鲜乳中所含的细胞个数来表示，是评价牛只健康状况的重要指标之一。近年来几乎所有国家都将生鲜乳中体细胞数作为生鲜乳收购标准的重要参数之一。虽然检测该项指标需要昂贵的仪器设备，但是它与奶牛密切相关，在此进行介绍。

影响生鲜乳中的体细胞数的因素很多，包括奶牛乳房的染病状态、遗传条件、泌乳阶段、奶牛年龄、季节因素、疾病等诸多方面，但主要影响因素仍是奶牛乳房感染传染性乳房炎。生鲜乳中体细胞数升高的程度与诱发感染的特定微生物病原菌种类和炎症的严重程度有关，测定牛奶中体细胞数有助于及早发现乳房损伤或感染，预防和治疗乳房炎。一般高品质的生鲜乳中所含体细胞的数量不超过 50 万个/毫升，一旦超过这个值，就会导致产奶量下降。农业行业标准 NY 5045—2008《无公害食品 生鲜牛乳》中对生鲜牛奶体细胞数的要求是不超过 60 万个/毫升。另外，对生鲜乳中体细胞数的测定也是奶牛群体改良（DHI）中的一个重要的检测项目。测定生鲜乳中体细胞数的方法可分为显微镜法和体细胞测定仪法，后者按原理不同又可分为电子粒子计数法和荧光光电计数法。

需要说明的是，与前面几个指标不同，生鲜乳中的体细胞数只适用于生鲜乳样品，不适用于热处理加工后的各种制品。这是因为生鲜乳被加工后，其中的体细胞受热遭到破坏，无法再被染色、检测，所以乳制品的体细胞数一般都很低。而前面所述的一些检测指标不易受到热加工的影响或较少受到影响。因此，应引起广大检测员注意。

（一）显微镜法

1. 原理 将待测的生鲜牛奶涂抹在载玻片上形成样品薄膜，干燥后染色，显微镜下对可被亚甲基蓝清晰染色的细胞核进行计数，即得到生鲜牛奶中的体细胞数。

2. 试剂和材料 除非另有说明，在试验中应使用分析纯的试剂和蒸馏水。

（1）乙醇 浓度为 95%。

（2）四氯乙烷或三氯乙烷。

（3）亚甲基蓝（$C_{16}H_{18}CiN_3S \cdot 3H_2O$）。

（4）冰乙酸。

（5）硼酸。

3. 仪器设备

（1）显微镜 放大倍数 500×或 1 000×，带刻度目镜、测微尺和机械台。

（2）微量移液器 最大量程 10 微升。

（3）单圈载玻片。

（4）水浴锅 35℃±5℃和 65℃±5℃。

（5）电炉　加热温度为40℃±10℃。

（6）砂芯漏斗　孔径≤10微米。

（7）吹风机。

（8）干燥箱。

4. 操作步骤　在250毫升三角瓶中加入54.0毫升乙醇和40.0毫升四氯乙烷，摇匀；在65℃水浴锅中加热3分钟，取出后加入0.6克亚甲基蓝，充分摇匀；降温后，置于冰箱中冷却至4℃；取出，加入6.0毫升冰乙酸，混匀后用砂芯漏斗过滤；装入试剂瓶，常温贮存。

采集的生鲜牛乳应保存在2～6℃条件下，若6小时内不能测定，则应加硼酸或重铬酸钾防腐，硼酸在样品中的浓度不能大于6克/升，6～12℃贮存时间不超过24小时；重铬酸钾在样品中浓度不超过2克/升，6～12℃贮存时间不超过72小时。

将生鲜牛乳样品在35℃水浴锅中加热5分钟，摇匀后冷却至室温。用乙醇将载玻片清洗后，再用无尘镜头纸擦干，火焰烤干，冷却。用无尘镜头纸擦净微量注射器针头，抽取10微升试样，用无尘镜头纸擦干针头外的残留样品，将试样平整地注射在载玻片的样品圈内，立刻置于40～45℃的恒温干燥箱中，水平放置5分钟，形成均匀厚度的样品薄膜。在电炉上烤干，将载玻片浸入染色溶液中，计时10分钟，取出后晾干，若室内湿度较大，则可用吹风机吹干；然后将载玻片浸入水中洗去剩余的染色溶液，干燥后待测。

将载玻片固定在显微镜的载物台上，单向移动机械台，对视野中载玻片上的染色体细胞逐个计数。视野内显示一半以上形体的体细胞也应被计数。参与计数的体细胞数不得少于400个。

5. 结果计算　样品中体细胞数按公式（3－7）计算：

$$X=\frac{100\times N\times S}{a\times d} \qquad (3-7)$$

式中：X——样品中体细胞数，个/毫升；

N——显微镜体细胞计数，个；

S——样膜覆盖面积，毫米^2；

a——单向移动机械台进行镜下计数的长度，毫米；

d——显微镜视野直径，毫米。

两次测定结果的相对偏差≤5%。

（二）荧光光电计数体细胞仪法

1. 原理 样品在荧光光电计数体细胞仪中与染色溶液混合后，由显微镜感应细胞核内脱氧核糖核酸染色后产生的荧光，将其转化为电脉冲，经放大后记录，直接显示读数。

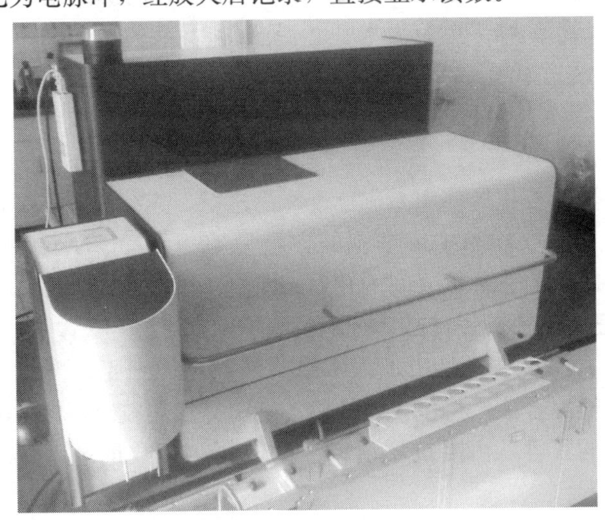

图3-11 荧光光电记数体细胞仪（此图片经过技术处理）

2. 试剂和材料 所有试剂均为分析纯，试验用水应符合GB/T 6682中一级水的规格。

（1）硼酸。

（2）重铬酸钾。

（3）染色液 应使用荧光光电计数体细胞仪专用的染色工作液。

（4）清洗液　应使用荧光光电计数体细胞仪专用的清洗液。

3. 仪器设备

（1）荧光光电计数体细胞仪（图 3－11）。

（2）水浴锅。

4. 操作步骤　生鲜牛奶试样的保存条件同前所述。将试样置于 40℃±1℃的水浴锅中加热 5 分钟，取出后上下颠倒 9 次，再水平振摇 5～8 次，然后在不低于 30℃的条件下置入仪器测定。

5. 结果计算　仪器可直接给出体细胞数的测定结果。相对偏差≤15%。结果单位为 10^3 个/毫升。

6. 注意事项　在以下情况之一发生时，应对仪器进行校正：连续进行 2 个月；长期停用，开始使用时；体细胞仪维修后开始使用时。

仪器的校正应使用专用标准样品进行，连续测定 5 次，取平均值。当标准样品中体细胞的含量为 40 万～50 万个/毫升时，测定平均值与标称值之间的相对偏差应小于等于 10%。

（三）电子粒子计数体细胞仪法

1. 原理　在样品中加入甲醛溶液固定体细胞，再加入乳化剂电解质混合液，将包含体细胞的脂肪球加热破碎，样品溶液流经仪器的狭缝，由阻抗增值产生的电压脉冲数记录，读出体细胞数。

2. 试剂和材料　所有试剂均为分析纯试剂，实验室用水应符合 GB/T 6682 中一级水的规格。

（1）伊红 Y（$C_{20}H_8Br_4O_5$）。

（2）甲醛溶液。

（3）乙醇　浓度为 95%。

（4）曲拉通 X－100（Triton X－100，$C_{34}H_{62}O_{11}$）。

（5）0.09 克/升氯化钠溶液　向 1 升水中加入 0.09 克氯化钠，溶解后摇匀。

(6) 冰醋酸。

(7) 固定液　在100毫升容量瓶中加入0.02克伊红Y和9.40毫升甲醛，用水溶解后定容、混匀，用砂芯漏斗过滤，滤液装入试剂瓶，常温保存，或使用电子粒子计数体细胞仪生产厂提供的专用固定液。

(8) 乳化剂电解质混合液　在1升烧杯中加入125毫升乙醇和20.0毫升曲拉通X-100，仔细混匀，加入885毫升浓度为0.09克/升的氯化钠溶液，混匀后，用砂芯漏斗过滤；滤液装入试剂瓶，常温保存，或使用电子粒子计数体细胞仪专用的乳化剂电解质混合液。

3. 仪器设备

(1) 砂芯漏斗　孔径≤0.5微米。

(2) 电子粒子计数体细胞仪。

(3) 水浴锅　40℃±1℃。

4. 操作步骤　样品的防腐方法和保存条件同前。

吸取10毫升混匀的样品，加入0.2毫升固定液，也可在采样前，向采样管内按照50∶1（体积比）的比例预先加入一定量的固定液，但采样管应密封完好，防止甲醛挥发。将试样置于40℃的水浴锅中加热5分钟，取出后上下颠倒9次，再水平振摇5～8次，然后在不低于30℃条件下，置入电子粒子计数体细胞仪测定。

5. 结果计算　该仪器可以直接读数，单位为10^3个/毫升。相对偏差应≤15%。

复　习　题

1. 简述视觉检验在感官检验中的意义。

2. 使用凯氏定氮法测定乳蛋白时，需要注意哪些问题？

3. 在使用盖勃离心机时，如待测样品数是单数时，如何将离心管码放在转盘上？

第四章　生鲜乳中污染物的检测

GB 19301—2010《生乳》标准对生乳中污染物限量的要求是：应符合 GB 2762 的规定。按照标准 GB 2762—2005《食品中污染物限量》的规定，涉及生乳的指标包括铅、总汞、无机砷、铬、硒等 5 项指标，见表 4－1。

表 4－1　生鲜乳中污染物的限量及检测方法

指　　标	生乳中的限量（毫克/千克）	指定的检测方法
铅	0.05	GB 5009.12—2010
总汞	0.01	GB/T 5009.17—2003
无机砷	0.05	GB/T 5009.11—2003
铬	0.3	GB/T 5009.123—2003
硒	0.03	GB 5009.93—2010

一、生鲜乳中的铅

铅是一种具有蓄积性的有害元素，联合国粮农组织/世界卫生组织（FAO/WHO）、食品法典委员会（CAC）、食品添加剂和污染物联合专家委员会（JECFA），建议每人每周允许摄入量（PTWI）为每千克体重 25 微克，以人体重 60 千克计，即每人每天允许摄入量为 214 微克。

按照 GB 2762—2005《食品中污染物限量》的规定，在生鲜乳中的限量（MLs）为 0.05 毫克/千克。

GB 5009.12—2010《食品中铅的测定》规定了铅的检测方法，但由于生鲜乳中铅的限量值仅为 0.05 毫克/千克，只有第一法石墨炉原子吸收光谱法和第二法氢化物原子荧光光谱法的灵敏度能够满足限量值的要求，由于这两种方法都涉及大型分析仪器，费用较高，在此不做详细介绍，具体的检测方法请参见相关标准。

二、生鲜乳中的总汞

我国食品中总汞允许量标准是：粮食（或成品粮）0.02 毫克/千克，水果、蔬菜 0.01 毫克/千克，肉、蛋食品均为 0.05 毫克/千克。1972 年，FAO/WHO 联合专家委员会建议成人每周暂定允许摄入量不超过 0.3 毫克，约相当于每千克体重 0.005 毫克，其中甲基汞不得超过每人每周 0.2 毫克，约相当于每千克体重 0.003 3 毫克。按照 GB 2762—2005《食品中污染物限量》规定，总汞在生鲜乳中的限量（MLs）为 0.01 毫克/千克。

GB/T 5009.17—2003《食品中总汞及有机汞的测定》规定了汞的检测方法，同样由于生鲜乳中汞的限量值很低，只有第一法原子荧光光谱法的灵敏度能够满足要求，有条件的单位也可以使用冷原子吸收法配合压力消解法测汞，但结果精密度稍差。这些方法在此不做详细介绍，请参见相关标准。

三、生鲜乳中的无机砷

砷的毒性与砷存在形式和价态有关。元素砷和砷的硫化物溶解度很低，不吸收或吸收很少，致毒性小。砷的氧化物或盐类溶解度高，可随食物经消化道为人体所吸收，毒性较大，三价砷毒性大于五价砷，无机砷毒性大于有机砷。

按照 GB 2762—2005《食品中污染物限量》规定，在生鲜乳中无机砷的限量（MLs）为 0.05 毫克/千克。砷的急性中毒很多情况是由于误食引起。长期经口少量摄入可导致慢性砷中毒，临床表现除一般神经衰弱症候群外，尚有皮肤色素异常、皮肤过度角化及末梢神经炎等特殊症状。流行病学调查发现无机砷化物对人具有致癌性，特别是皮肤癌及肺癌。

GB/T 5009.11—2003《食品中总砷及无机砷的测定》标准中规定了无机砷的检测方法，只有第一法氢化物原子荧光光度法能够满足限量要求。有兴趣的检测员可以参考相关的检测方法。

四、生鲜乳中的铬

铬的生理功能主要是铬在糖代谢和脂肪代谢方面的作用。铬作为一种必需微量元素，其保健功能备受关注。铬在元素周期表中的原子序数是 24，它与人体的健康密切相关，是人体的必需元素，也是一种有毒元素。正常人体内的铬含量在 0.02%左右，1980 年美国食品药品监督管理局（FDA）宣布铬为基本的营养素，并建议正常健康的成年人每人每天摄入 50～200 微克的铬。

按照 GB 2762—2005《食品中污染物限量》规定，在生鲜乳中铬的限量（MLs）为 0.3 毫克/千克。GB/T 5009.123—2003《食品中铬的测定》列出了两种检测方法，第一法为原子吸收石墨炉法效果较好，可以考虑使用；第二法为示波极谱法，较第一法的灵敏度低。

五、生鲜乳中的硒

世界卫生组织等 3 个国际组织已经明确规定硒的摄入量：①最低需要量（防止克山病的发生）为 17 微克/天；②生理需要量为 40 微克/天；③界限中毒剂量（指甲变形）为 800 微克/天；④膳食供给量为 50～250 微克/天；⑤膳食最高安全摄入量为 400 微克/天。同时，中国营养学会推荐每日膳食营养供给量中，硒的平均需要量为 41 微克/天。

硒是人体必需的微量元素，它的缺乏会给人们诸多危害。含硒低的地区，癌症发病率高，但若摄入过多又会对人体健康造成危害。所以，在日常生活中我们要严格控制硒的摄入量。按照 GB 2762—2005《食品中污染物限量》规定，在生鲜乳中硒的限量（MLs）为 0.03 毫克/千克。GB 5009.93—2010《食品中硒的测定》中规定了两种检测方法，鉴于第二法中所使用的试剂（DAN）具有一定的毒性，可以考虑使用第一法氢化物原子荧光光谱法进行检测。

复　习　题

1. 按照标准规定，能够检测生鲜乳中铅的方法是什么？
2. 哪些元素既是人体必需的微量元素，但又不能过多摄入？
3. 铅、汞、砷、铬和硒在生鲜乳中的限量各是多少？

第五章　生鲜乳中真菌毒素的检测

与其他检测指标不同的是，虽然生鲜乳中“真菌毒素”这一类指标的限量都依据 GB 2761—2005《食品中真菌毒素限量》标准的规定执行，但实际上，在该标准中只有黄曲霉毒素 M_1 一个指标与生鲜乳有关。即：生鲜乳中黄曲霉毒素 M_1 的限量为 0.5 微克/千克，而且检测方法为 GB 5009.24—2010《食品中黄曲霉毒素 M_1 与 B_1 的测定》标准中规定的薄层色谱法。以下内容仅以涉及生鲜乳的黄曲霉毒素 M_1 为主。

一、生鲜乳中的黄曲霉毒素 M_1

黄曲霉毒素是迄今发现的最毒的物质之一，其毒性是氰化钾的 27 倍，是第一类强致癌物。它是由黄曲霉或寄生曲霉分泌的一系列毒素，主要有六种结构类似物，分别是 M_1、M_2、B_1、B_2、G_1 和 G_2，而在生鲜乳中主要以黄曲霉毒素 M_1 的形式存在。其结构如下：

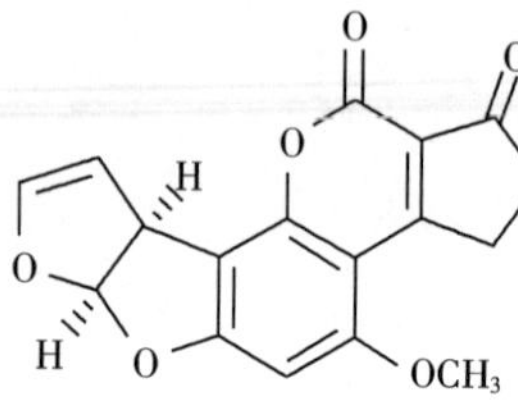

黄曲霉毒素 B_1 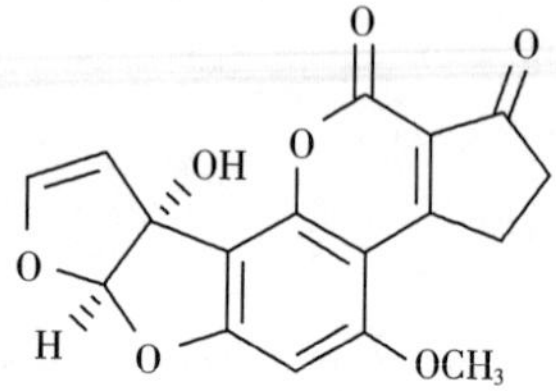　　　　黄曲霉毒素 M_1

在闷热潮湿的夏天，如果奶牛饲料存储不当，极易生长黄曲霉或寄生曲霉，产生黄曲霉毒素 B_1，奶牛在食用被污染的饲料后，在动物细胞的内质网内，经过肝微粒体混合功能氧化酶的催化，通过细胞色素 P－448 的调节作用，黄曲霉毒素 B_1 末端呋喃环上的 C10 被羟化而生成 M_1，导致奶牛分泌的乳汁中也会含有黄曲霉毒素 M_1。由于黄曲霉毒素特别稳定，在 250℃的条件下都不会分解，通常的牛奶热加工工艺不会破坏黄曲霉毒素 M_1 的结构，经过食物链的传递，最终会被人们食用，影响身体健康，所以检测生鲜乳中黄曲霉毒素 M_1 是十分有必要的。

二、限量要求

我国、美国、日本对生鲜乳中黄曲霉毒素 M_1 的限量同为 0.5 微克/千克，而欧盟和瑞士的限量分别为 0.05 和 0.01 微克/千克。

三、检测方法

国家标准 GB 5009.24—2010《食品中黄曲霉毒素 M_1 与 B_1 的测定》规定了黄曲霉毒素 M_1 的检测方法。该方法对样品中黄曲霉毒素 M_1 含量的判断使用肉眼进行，误差较大，用于实际检测可能会存在较大困难。

随着《生乳》标准的发布，卫生部也发布了 GB 5413.37—2010《乳和乳制品中黄曲霉毒素 M_1 的测定》，该标准包含了四种检测方法，灵敏度都非常高，而且准确性较好。

虽然 GB 5413.37—2010《乳和乳制品中黄曲霉毒素 M_1 的测定》标准中规定，只有液态乳和乳粉能够适用于第四法双流向酶联免疫法，生鲜乳不能用该方法进行检测，但农业行业标准 NY/T 1664—2008《牛乳中黄曲霉毒素 M_1 的快速检测　双流向酶联免疫法》和 NY 5045—2008《无公害食品　生鲜牛乳》附录 B，仍现行有效，可以用作检测生鲜牛乳中黄曲霉毒素 M_1 的依据。因此，广大检测员应注意各个标准的适用范围。具体检测方法不做过多的介绍，请参见相关标准。

复 习 题

1. 我国对于生鲜乳中黄曲霉毒素 M_1 的限量值是多少？

2. 目前，可以用于检测生鲜乳中黄曲霉毒素 M_1 的标准方法共有几个？

第六章　生鲜乳中微生物的检测

微生物是影响生鲜乳质量安全的重要因素之一，生鲜乳的微生物质量控制指标较多，但 GB 19301—2010《生乳》标准中规定的指标只有菌落总数，本章对它的检测方法做详细介绍。

一、原理

菌落总数是指食品检样经过处理，在一定条件下培养后（如培养基成分、培养温度和时间、pH、需氧性质等），所得 1 毫升（或 1 克）检样中形成的菌落的总数。本方法规定的培养条件下所得结果，只包括一群在平板计数琼脂上生长发育的嗜中温需氧菌或兼性厌氧菌的菌落总数。

二、试剂和材料

1. 平板计数琼脂培养基

成分：胰蛋白胨 5 克，酵母浸膏 2.5 克，葡萄糖 1.0 克，琼脂 15.0 克，蒸馏水 1 000 毫升。

制备方法：将上述成分加入蒸馏水中，煮沸溶解，调节 pH 至 7.0±0.2，然后将其分装于试管或锥形瓶内，121℃高压灭菌 15 分钟。

2. 无菌生理盐水　称取 8.5 克氯化钠溶于 1 000 毫升蒸馏水中，121℃高压灭菌 15 分钟。

三、仪器设备

1. 恒温培养箱　36℃±1℃。

恒温培养箱有隔水式和电热式两种，前者多采用浸入式电热管隔水加热，后者以电阻丝直接加热。隔水式培养箱箱内各部位温度恒定、均匀，断电后仍能保持较长时间恒温；电热式培养箱箱内上下层温度相差较大，指示用温度计不能真实指示箱内底层温度。使用时需要注意：

（1）隔水式培养箱在通电前，一定要先加蒸馏水或去离子水，否则电热管会烧坏。

（2）箱内物品不宜放置过挤，以利于箱内空气流动。

（3）取放培养基时，应尽快开、关箱门，减小培养箱内温度波动。

2. 超净工作台 超净工作台采用层流技术净化空气，以均匀速度沿着平行方向流动，在层流有效区内保持无菌环境，洁净度可达 100 级，比在一般无菌室操作更符合无菌操作要求。

一般超净工作台只适用于常规微生物检验操作，对于一些具有传染性的微生物及真菌的操作存在安全弊端。生物安全柜装有空气回收系统，使经过操作台的空气，再经过一次过滤装置，排出环境和反复循环。因此，不仅可以使被检材料不受外来微生物的污染，还可避免被检材料污染环境，同时保护操作人员免受危险微生物的侵害。使用时应注意：

（1）超净工作台应放置在无菌室内，保持室内清洁，减少尘埃。使用时应提前开机运转 10～20 分钟，使用过程中禁止做发尘量大的动作。

（2）定期对超净工作台做性能检测，使用无菌琼脂平板检测沉降菌落总数。若性能检测结果不佳应清洗或更换滤网。

（3）超净工作台所用的滤网多为超细玻璃或超细石棉纤维纸，不耐高温和高湿，强度较低，应严防碰击和受潮。

3. 高压蒸汽灭菌器 高压蒸汽灭菌器是微生物实验室最常用的灭菌方法，培养基、器械及细菌污染物等均使用本方法灭菌。高压蒸汽灭菌器的种类很多，常用的有手提式、立式和卧式三类。其结构和使用方法大致相同。

高压蒸汽灭菌器压力表上所示的压力为相对压力，即以 1 大气压力 101.325 千帕为零点，因此，灭菌时的实际压力为表压加大气压 101.325 千帕。使用时应注意：

（1）灭菌器内物品不宜放置过满，以便于蒸汽流动畅通。待灭菌物品包装不宜过大，装量过多的培养基在一般规定的压力与时间内灭菌不彻底。

（2）使用前应按照灭菌器使用说明添加适量蒸馏水。

（3）灭菌完毕后，在灭菌器压力未降至“0”位之前严禁打开器盖，以免发生事故，伤及人员。

4. 冰箱　2～5℃。

5. 恒温水浴锅　46℃±1℃。

6. 天平　感量 0.1 克。

7. 均质器。

8. 振荡器。

9. 无菌吸管　1 毫升、10 毫升或微量移液器及吸头。

10. 无菌锥形瓶　容量 250 毫升、500 毫升。

11. 无菌培养皿　直径 90 毫米。

12. 放大镜或（和）菌落计数器。

四、操作步骤

1. 样品的稀释　以无菌吸管吸取 25 毫升样品，置于盛有 225 毫升生理盐水的无菌锥形瓶（瓶内预置适当数量的无菌玻璃珠）中，充分混匀，制成 1∶10 的样品匀液。

用 1 毫升无菌吸管或微量移液器吸取 1∶10 样品匀液 1 毫升，沿管壁缓慢注于盛有 9 毫升生理盐水的无菌试管中（注意吸管或吸头尖端不要触及稀释液面），振荡试管使其混合均匀，制成 1∶100 的样品匀液。

按上述操作程序，制备 10 倍系列稀释样品匀液。每递增稀释一次，换用一次 1 毫升无菌吸管或吸头。

根据对样品污染状况的估计，选择 2～3 个适宜稀释度的样品匀液，在进行 10 倍递增稀释时，每个稀释度分别吸取 1 毫升样品匀液加入两个无菌平皿内。同时分别取 1 毫升生理盐水加入两个无菌平皿作空白对照。

及时将 15～20 毫升冷却至 46℃的平板计数琼脂培养基（可放置于 46℃±1℃恒温水浴箱中保温）倾注平皿，并转动平皿使其混合均匀。

2. 培养 培养基凝固后，将平板翻转，置 36℃±1℃培养 48 小时±2 小时。

如果样品中可能含有在琼脂培养基表面弥漫生长的菌落时，可在凝固后的琼脂表面覆盖一薄层琼脂培养基（约 4 毫升），凝固后翻转平板，按上述条件进行培养。

3. 菌落计数 可用肉眼观察，必要时用放大镜或菌落计数器，记录稀释倍数和相应的菌落数量。菌落计数以菌落形成单位（Colony-Forming Units，CFU）表示。

选取菌落数在 30～300 CFU 之间、无蔓延菌落生长的平板计数菌落总数。低于 30 CFU 的平板记录具体菌落数，大于 300 CFU 的可记录为多不可计。每个稀释度的菌落数应采用两个平板的平均数。

其中一个平板有较大片状菌落生长时，则不宜采用，而应以无片状菌落生长的平板作为该稀释度的菌落数；若片状菌落不到平板的一半，而其余一半中菌落分布又很均匀，即可计算半个平板后乘以 2，代表一个平板菌落数。

当平板上出现菌落间无明显界线的链状生长时，则将每条单链作为一个菌落计数。

五、结果与报告

1. 菌落总数的计算方法 若只有一个稀释度平板上的菌落数在适宜计数范围内，计算两个平板菌落数的平均值，再将平均值乘以相应稀释倍数，作为每克（每毫升）中菌落总数结果。

若有两个连续稀释度的平板菌落数在适宜计数范围内时，按公式（6－1）计算：

$$N=\frac{\sum C}{(n_1+0.1\times n_2)\times d} \tag{6-1}$$

式中：N——样品中菌落数；

$\sum C$——平板（含适宜范围菌落数的平板）菌落数之和；

n_1——第一个适宜稀释度的有效平板数；

n_2——第二个适宜稀释度的有效平板数；

d——稀释因子（第一稀释度）。

若所有稀释度的平板上菌落数均大于 300 CFU，则对稀释度最高的平板进行计数，其他平板可记录为多不可计，结果按平均菌落数乘以最高稀释倍数计算。

若所有稀释度的平板菌落数均小于 30 CFU，则应按稀释度最低的平板菌落数乘以稀释倍数计算。

若所有稀释度（包括液体样品原液）平板均无菌落生长，则以小于 1 乘以最低稀释倍数计算。

若所有稀释度的平板菌落数均不在 30～300 CFU 之间，其中一部分小于 30 CFU 或大于 300 CFU 时，则以最接近 30 CFU 或 300 CFU 的平均菌落数乘以稀释倍数计算。

2. 菌落总数的报告　菌落数小于 100 CFU 时，按“四舍五入”的原则修约，采用两位有效数字报告；大于或等于 100 CFU 时，第三位数字采用“四舍五入”的原则修约后，取前两位数字，后面用 0 代替位数，也可用 10 的指数形式来表示，按“四舍五入”的原则修约后，采用两位有效数字。

若所有平板上为蔓延菌落而无法计数，则报告菌落蔓延。

若空白对照上有菌落生长，则此次检测结果无效。

称重取样以 CFU/克为单位报告，体积取样以 CFU/毫升为单位报告。

复 习 题

1. 简述使用高压蒸汽灭菌器时需要注意的问题。
2. “CFU”是什么意思?

第七章　生鲜乳中的农药残留和兽药残留

一、生鲜乳中的农药残留

农药是为了保障促进作物的成长，所施用的杀虫、除草等药物的统称。农业上用于防治病虫以及调节植物生长、除草等药剂，根据防治对象，可分为杀虫剂、杀菌剂、杀螨剂、杀线虫剂、杀鼠剂、除草剂、脱叶剂、植物生长调节剂等。

我国 1983 年 3 月起停止生产六六六和滴滴涕，1991 年国家又决定停止生产杀虫脒、二溴氯丙烷、敌枯双等五种农药，为适应农业生产发展的需要，国家集中力量投（扩）产了数十个高效低残留品种，使农药产量迅速增加。农药工业的发展，农药产量的增加，农药产品质量的提高，对保证农业丰收起到了重要的作用。

六六六等有机农药施用后，残留在粮食和饲料中，被人和牲畜吃后直接或间接进入人体，经过一系列的流动，最终进入血液，甚至还可以传给后代，最终导致基因突变。有些有机磷农药，会引起神经错乱、精神失常等病症。农药残留危害不可小觑，尽管人们食用了含有农药残留的蔬菜、水果、牛奶等不会立即出现身体不适或病变，但是，农药残留是一种慢性毒药，在体内慢慢积累，达到一定量后，就会产生病变。

对于生鲜乳样品，GB 2763—2005《食品中农药最大残留限量》只规定了三种农药残留的限量，分别是林丹、滴滴涕和六六六，检测方法都使用 GB/T 5009.19—2008《食品中有机氯农药多组分残留量的测定》的方法，只要实验室的气相色谱仪配有 ECD 检测器，即可进行此项检测工作，具体步骤可参考相关标准。

二、生鲜乳中的兽药残留

兽药残留是指食用动物用药后，动物产品的任何可食用部分中与所用药物有关的物质的残留，包括原型药物或/和其代谢产物。

如果长期食用兽药残留超标的食品，人体内蓄积的药物浓度达到一定量时，会使人体产生多种急慢性中毒。如果长期摄入低剂量的兽药残留产品，人体会产生耐药性。人的机体长期反复接触某种抗菌药物后，其体内敏感细菌受到选择性的抑制，耐药细菌大量繁殖。而耐药细菌的繁殖使得一些常用药物的疗效下降，甚至逐渐失去疗效，如青霉素、庆大霉素、磺胺类等药物在畜禽动物中已大量使用，渐渐产生抗药性，临床效果越来越差。

研究发现，许多药物具有致癌、致畸、致突变作用。如丁苯咪唑、丙硫咪唑和苯硫苯氨酯具有致畸作用；雌激素、克球酚、砷制剂、喹忪啉类、硝基呋喃类等已被证明具有致癌作用；喹诺酮类药物的个别品种已在真核细胞内发现有致突变作用；磺胺二甲嘧啶等磺胺类药物在连续给药中能够诱发啮齿动物甲状腺增生，并具有致肿瘤倾向；链霉素具有潜在的致畸作用。这些药物的残留量超标无疑会对人类产生潜在的危害。

目前，GB 19301—2010《生乳》中与兽药残留限量相关的规定主要是农业部235号公告，其中共涉及4大类约220种兽药产品及其残留限量，在此不能一一介绍，仅对整体的情况进行简单说明。

农业部235号公告《动物性食品中兽药最高残留限量》附录1中规定了88种批准使用的药物，这些药物按照质量标准、产品使用说明书规定可以用于食品动物，不需要制定最高残留限量。但其中只有78种药物可以在牛身上使用，而又只有74种可以在产奶牛上使用。

农业部 235 号公告附录 2 中规定：有 92 种批准使用的药物，这些药物按质量标准、产品使用说明书规定可以用于食品动物，但需要制定最高残留限量。其中 62 种药物可以在牛身上使用，但只有 42 种药物规定了牛奶中的残留限量。

根据公告附录 3 中的规定，允许作治疗使用，但不得在动物性食品中检出的药物共有 9 种，见表 7-1。

表 7-1 允许作治疗使用，但不得在动物性食品中检出的药物

序号	药物名称	动物种类	靶组织
1	氯丙嗪	所有食品动物	所有可食组织
2	地西泮（安定）	所有食品动物	所有可食组织
3	地美硝唑（二甲硝唑）	所有食品动物	所有可食组织
4	苯甲酸雌二醇	所有食品动物	所有可食组织
5	潮霉素 B	猪、鸡	可食组织
		鸡	蛋
6	甲硝唑	所有食品动物	所有可食组织
7	苯丙酸诺龙	所有食品动物	所有可食组织
8	丙酸睾酮	所有食品动物	所有可食组织
9	塞拉嗪	产奶动物	奶

根据公告附录 4 的规定，禁止使用且在动物性食品中不得检出的药物，共 31 种，见表 7-2。

表 7-2 禁止使用且在动物性食品中不得检出的药物

序号	药物名称	禁用动物种类	靶组织
1	氯霉素	所有食品动物	所有可食组织
2	克伦特罗	所有食品动物	所有可食组织
3	沙丁胺醇	所有食品动物	所有可食组织
4	西马特罗	所有食品动物	所有可食组织

（续）

序号	药物名称	禁用动物种类	靶组织
5	氨苯砜	所有食品动物	所有可食组织
6	己烯雌酚	所有食品动物	所有可食组织
7	呋喃它酮	所有食品动物	所有可食组织
8	呋喃唑酮	所有食品动物	所有可食组织
9	林丹	所有食品动物	所有可食组织
10	呋喃苯烯酸钠	所有食品动物	所有可食组织
11	安眠酮	所有食品动物	所有可食组织
12	洛硝哒唑	所有食品动物	所有可食组织
13	玉米赤霉醇	所有食品动物	所有可食组织
14	去甲雄三烯醇酮	所有食品动物	所有可食组织
15	醋酸甲孕酮	所有食品动物	所有可食组织
16	硝基酚钠	所有食品动物	所有可食组织
17	硝呋烯腙	所有食品动物	所有可食组织
18	毒杀芬（氯化烯）	所有食品动物	所有可食组织
19	呋喃丹（克百威）	所有食品动物	所有可食组织
20	杀虫脒（克死螨）	所有食品动物	所有可食组织
21	双甲脒	水生食品动物	所有可食组织
22	酒石酸锑钾	所有食品动物	所有可食组织
23	锥虫砷胺	所有食品动物	所有可食组织
24	孔雀石绿	所有食品动物	所有可食组织
25	五氯酚酸钠	所有食品动物	所有可食组织
26	氯化亚汞（甘汞）	所有食品动物	所有可食组织
27	硝酸亚汞	所有食品动物	所有可食组织
28	醋酸汞	所有食品动物	所有可食组织
29	吡啶基醋酸汞	所有食品动物	所有可食组织
30	甲基睾丸酮	所有食品动物	所有可食组织
31	群勃龙	所有食品动物	所有可食组织

复　习　题

1. GB 2763—2005 中规定的涉及生鲜乳样品的农药残留共有几项？

2. 农业部 235 号公告共涉及几类兽药残留？这几类兽药残留各有什么样的要求？

3. 农业部 235 号公告中规定“不得检出”的兽药残留共有几种？

第八章　生鲜乳中违禁添加物的检测

2008年，婴幼儿奶粉事件发生后，全国开展了“打击违法添加非食用物质和滥用食品添加剂”的整顿工作，并由卫生部牵头，先后公布了四批《食品中可能违法添加的非食用物质和易滥用的食品添加剂品种名单》，简称“黑名单”。这四批黑名单中，共有5种物质涉及生鲜乳，并有可能在生鲜乳中违法添加，它们分别是：三聚氰胺、硫氰酸钠、皮革水解蛋白、β-内酰胺酶和工业用火碱。下面就这五种违法添加物的检测方法进行详细介绍。

一、生鲜乳中三聚氰胺的测定

三聚氰胺（melamine）是一种含氮杂环有机物，学名1，3，5-三嗪-2，4，6-三胺或1，3，5-三氨基-2，4，6—三嗪，简称三胺，俗称蜜胺，分子式$C_3N_3(NH_2)_3$，相对分子质量126.1，是一种白色结晶粉末，能溶于甲醇、乙酸、吡啶、二甲基亚砜等，不溶于乙醚、苯和四氯化碳，微溶于水和乙醇（约0.9%）。它是一种重要的化工原料，主要用途是与甲醛缩合生产塑料。三聚氰胺分子结构式为：

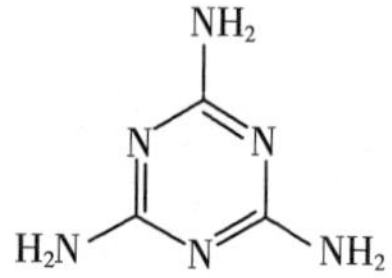

目前，GB/T 22388—2008中规定了牛奶中三聚氰胺的检测方法有液相色谱—串联质谱法、气相色谱—质谱联用法（气—质联用法，GC-MS）和高效液相色谱法，该方法同样适用于生鲜乳样品。三种方法的优缺点见表8-1。

表 8-1　牛奶中三聚氰胺检测方法的比较

分析方法	检出限（毫克/千克）	仪器价格（万元）	优　　点	缺　　点
高效液相色谱法 HPLC	2	40	操作简单速度快成本低	灵敏度低有时有干扰
气-质联用法 GC-MS	0.05	90	干扰少灵敏度高价格适中	操作复杂需衍生
液-质/质法 LC-MS/MS	0.01	260	速度快灵敏度最高	成本高

由于我国对牛奶中三聚氰胺含量的特别关注，社会各界在检测牛奶中三聚氰胺含量的方法上进行了深入的研究，开发出了各种各样的快速检测方法或快速检测试剂盒，可以用于现场、快速检测。这些快速检测方法都不是国家标准中公布的检测方法，不具备相关的法律依据，可以用于样品的初步筛选，但不能用于法律仲裁等情况。

另外，需要提醒广大检测员注意的是，这类试剂盒可能会出现假阳性或假阴性的错误判定结果，使用时需要慎重考虑，必要时，一定要使用传统的仪器方法进行确证。

（一）胶体金免疫层析法

1. 原理　该方法在 NC 膜上预包被偶联抗原，样品中的三聚氰胺和 NC 膜上预包被的偶联抗原竞争抗三聚氰胺的抗体，抑制了抗原与抗体的结合，通过显色进行判断。

2. 试剂和材料　该方法不需要额外的试剂，只需要蒸馏水或适用试剂盒自带的稀释液，但某些情况下，需要使用微量移液器。

3. 仪器设备　该方法不需要任何仪器设备。

4. 操作步骤　进行检测时，将常温保存的试剂盒从包装袋中取出，用吸管吸取生鲜乳样品或经过稀释的样品溶液，垂直缓慢滴加 3 滴于加样孔内。立刻开始计时，反应 3～5 分钟后根据试剂盒使用说明书上的图示判定结果。

5. 结果判定 通常这种试剂盒上都印有两条线——C线（对照线）和T线（测试线）。读取结果时，如果C线和T线都显色，则代表样品中三聚氰胺的含量小于试剂盒的检出限；如果C线显色而T线不显色，则表示样品中三聚氰胺的含量高于检出限；如果C线不显色，则代表此次检测无效。具体判定方法要根据试剂盒的使用说明书进行。

6. 注意事项 为了能够将这种快速检测试剂盒用于实际，不同厂家开发出了不同检出限的产品，使用时要根据需要选择不同的检出限。

（二）双流向酶联免疫吸附法

除了胶体金免疫层析法外，还可用双流向竞争性酶联免疫吸附分析法或试剂盒进行检测，在此进行简单介绍。

1. 原理 利用双流向竞争性酶联免疫吸附分析法对生鲜乳样品中的三聚氰胺进行测定。

2. 试剂和材料

（1）三聚氰胺双流向酶联免疫吸附试剂盒。

（2）装有能与三聚氰胺特异性结合的酶联免疫试剂颗粒的样品试管。

（3）450微升的刻度吸管或微量移液器。

3. 仪器设备

（1）与双流向酶联免疫吸附试剂盒相配套的加热器，或能控制温度为45℃±1℃的其他加热设备。

（2）配套的读数仪（可选）。

4. 操作步骤 将牛奶样品从冰箱中取出，恢复至室温，摇匀。将配套的加热器在45℃预热15分钟以上，将带有铝箔包装的双流向酶联免疫检测试剂盒打开，检查酶联免疫颗粒是否受潮。

用微量移液器或配套的刻度吸管吸取450微升的牛奶样品于

样品试管中，振荡试管使颗粒溶解，将试管放入配套的加热器的小孔内，45℃孵育2.00分钟，同时将试剂盒也放在加热器上预热。时间到后，将试管中的全部液体倒入试剂盒的样品池中，样品溶液会缓慢地流经“结果显示窗口”向绿色的“激活点”流去。当激活点的蓝色开始消失，有一半变为白色时，用力按下试剂盒的激活按键至底部，开始计时7.00分钟，等待显色反应进行完全。时间到后，将试剂盒从加热器上取下，用肉眼判断结果或放入配套的读数仪内读数。

5. 结果判定　用肉眼判断检测结果时，如果试样点的颜色比质控点的颜色深或相当，则样品结果为阴性；如果试样点的颜色比质控点的浅，则样品判定为阳性。

有时，无法用肉眼准确分辨两个点的颜色深浅，或者每个检测员对颜色的敏感度不一样，会导致部分结果判定不准确，此时，可以使用配套的读数仪进行判断。

试剂盒时间到后，将试剂盒立即插入配套的读数仪，按照屏幕提示操作。当读数仪显示“Negative”时，样品结果为阴性；读数仪显示“Positive”时，样品结果为阳性。

6. 注意事项　该方法对生鲜乳中三聚氰胺的检出限为0.3毫克/千克。

双流向竞争性酶联免疫吸附试剂盒除了可以测定生鲜乳中的三聚氰胺外，还可以检测多种化合物，如黄曲霉毒素M_1、四环素类抗生素或β-内酰胺类抗生素等。该试剂盒使用方便、检测速度快、结果较为可靠，但价格昂贵，使用时可能会受到一定的影响。

二、生鲜乳中硫氰酸根的测定

硫氰酸盐是动植物组织和分泌物中普遍存在的一种盐。正常牛奶中SCN^-含量为2～7毫克/升。硫氰酸盐曾被推荐作为牛奶的保鲜剂使用（GB/T 15550—1995，已废止），其原理是利用生鲜牛奶中过氧化物酶及其形成的体系，在有 H_2O_2 的条件下，促使乳中的 SCN^- 被氧化成为亚硫氰酸（HOSCN）。在牛奶中亚硫氰酸以亚硫氰酸根离子（$OSCN^-$）形式存在。这种离子专门和细菌细胞表面游离的硫氢基团（SH）化合，致使细菌的几种与生命代谢有关的酶丧失活力，阻碍了细菌的代谢和增殖能力。

研究表明，硫氰酸盐对人体有一定的毒害作用和蓄积毒性，尤其对于婴幼儿潜在的危险性更大。硫氰酸钠的毒性主要是在体内转化的氰根离子（CN^-）而引起的。氰根离子在体内能很快与细胞色素氧化酶中的三价铁离子结合，抑制该酶活性，使组织不能利用氧。因此，硫氰酸盐被禁止作为保鲜剂使用。虽然第一批“黑名单”中公布的违法添加物质为“硫氰酸钠”，但当硫氰酸钠加入到生鲜乳后，会电离成硫氰酸根离子和钠离子，生鲜乳中本身就含有大量的钠离子，而且真正起保鲜作用的也只是硫氰酸根离子，所以实际过程中，检测的对象只是硫氰酸根，而不是硫氰酸钠。

硫氰酸根的测定方法有离子色谱法、极谱法和分光光度法等，离子色谱法灵敏度高、速度快，应用广泛。在 ISO 国际标准中，规定了废水中硫氰酸根的离子色谱法，但没有牛奶的检测方法，中国农业科学院北京畜牧兽医研究所反刍动物营养研究室结合自身特点，试验了牛奶中硫氰酸根的离子色谱测定方法。

（一）原理

用乙酸溶液沉淀蛋白质，经离心，上清液再用氢氧化钾溶液沉淀蛋白质，过滤后，直接注入离子色谱仪分离，外标法定量。

（二）试剂和材料

除非另有说明，所用试剂使用分析纯级别。水为 GB/T 6682 中规定的一级水。

1. 硫氰酸钾（KSCN） 纯度≥99.0%。

2. 氢氧化钠（KOH）。

3. 冰醋酸（CH_3COOH）。

4. 6.0%乙酸水溶液　取 6 毫升冰醋酸倒入 94 毫升水中。

5. 1.0 摩尔/升氢氧化钾溶液　称取 5.60 克氢氧化钾溶于 100 毫升水中，用橡胶塞塞紧瓶口。

6. 硫氰酸根标准储备溶液　将硫氰酸钾于 101～103℃烘箱内烘干 2 小时，在干燥器内冷却至室温。准确称取干燥后的硫氰酸钾 1.673 2 克于烧杯中，加少量水溶解。滴加 10 滴氢氧化钾溶液后，转移定容于 1 000 毫升容量瓶内，混匀。于 4℃保存，有效期 3 个月。此溶液中，硫氰酸根的含量为 1 000 微克/毫升。

7. 硫氰酸根标准中间溶液　准确吸取 10.0 毫升硫氰酸根标准储备溶液于 100 毫升容量瓶内，用水定容，混匀。4℃保存，有效期 7 天。此溶液中，硫氰酸根的含量为 100 微升/毫升。

8. 硫氰酸根标准工作溶液　分别吸取硫氰酸根标准中间溶液 0、2.00、4.00、6.00、8.00 和 10.0 毫升于 6 只 100 毫升容量瓶内，用水定容，混匀，得到浓度分别为 0、2.00、4.00、6.00、8.00 和 10.0 微克/毫升的硫氰酸根标准工作溶液。现用现配。

（三）仪器设备

1. 离子色谱仪　电导检测器。

2. 高速离心机。

3. 分析天平　感量为 0.000 1 克。

4. 5 毫升注射器。

5. 0.22 微米水性样品过滤器　直径 26 毫米。

6. 0.22 微米水性样品过滤器　直径 13 毫米。

（四）操作步骤

1. 样品处理　将牛奶样品摇匀后，吸取 5.00 毫升试样于 10 毫升离心管中，加入 1.00 毫升乙酸水溶液，摇匀。在 12 000×*g*、15℃下离心 10 分钟。用注射器吸取约 4 毫升的上清液，过 0.22 微米滤膜，收集所有滤液。准确移取 3.00 毫升滤液于另一干净的离心管中，加入 1.00 毫升氢氧化钾溶液，摇匀。在 12 000×g、15℃离心 10 分钟。将上清液过 0.22 微米滤膜，滤液待测。同时用 5.00 毫升水做试剂空白。

2. 样品测定

（1）离子色谱参考条件　色谱柱：AS－16 型色谱柱（内径 4 毫米）和 AG－16 型保护柱（内径 4 毫米），或相当的产品。抑制器：ASRS－ULTRA 300 型 4 毫米阴离子抑制器。自身抑制模式，抑制器电流为 105 毫安。流动相：氢氧化钾溶液，浓度为 40 毫摩尔/升，等度洗脱。柱温：30.0℃。电导池温度：35.0℃。

（2）测定　进样量：25 微升，外标法进行定量。

（五）结果计算

牛奶中硫氰酸根的含量 ρ（毫克/升），按公式（8－1）计算：

$$\rho = \frac{(c - c_0) \times V_4 \times V_2}{V_3 \times V_1} \tag{8-1}$$

式中：ρ——生鲜乳中硫氰酸根的含量，毫克/升；

c——待测溶液中硫氰酸根的含量，毫克/升；

c_0——空白试样中硫氰酸根的含量，毫克/升；

V_1——吸取牛奶试样的体积，毫升；

V_2——加入乙酸水溶液后的总体积，毫升；

V_3——第一次过滤后，吸取上清液的体积，毫升；

V_4——加入氢氧化钾溶液后的总体积，毫升。

本方法对于硫氰酸根的检出限为 0.5 毫克/升。最终结果用两次平行测定的算术平均值表示，结果保留至小数点后一位。在重复性条件下获得的两次独立测定结果的值，不得超过算术平均值的 10％。

（六）注意事项

由于奶牛食用的饲料和饮用的水中可能含有少量的硫氰酸盐，所以生鲜牛奶中也可能含有少量的硫氰酸根。

硫氰酸根标准物质的色谱图见图 8－1。

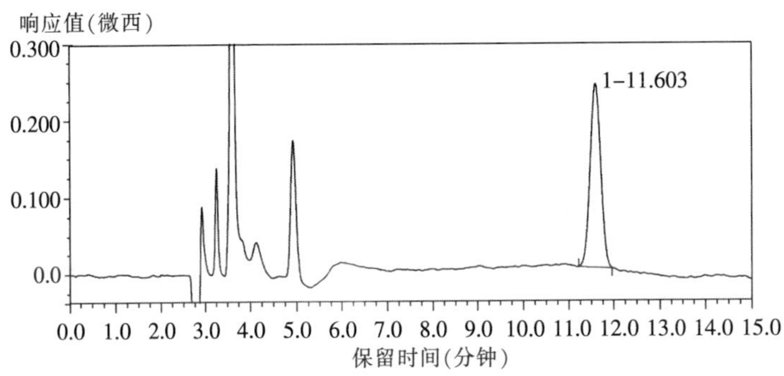

图 8－1　硫氰酸根标准物质色谱图

三、生鲜乳中皮革水解蛋白的测定

皮革水解蛋白是皮革鞣革副产物水解后的产物，将其掺入牛奶或奶粉中可提高蛋白质的含量。但掺入皮革水解蛋白，会影响牛奶的口感，改变牛奶氨基酸的组成。如果人食用这类蛋白质，会导致消化不良，影响人体健康状况。

反式－4－羟基－L－脯氨酸（*trans*－4－hydroxy－L－proline，简称 L－羟脯氨酸，$C_5H_9NO_3$，相对分子质量为 131.13）是皮革水解蛋白特有的氨基酸，占正常胶原蛋白质氨基酸总量的 10%以上，是衡量机体胶原蛋白质含量的一个重要指标。牛奶中不含 L－羟脯氨酸，所以检测牛奶中是否含有 L－羟脯氨酸，即可得知牛奶中是否掺有皮革水解蛋白。

（一）原理

试样经酸水解后，过滤，用稀盐酸溶解，经氨基酸分析仪测定 L－羟脯氨酸。外标法定量。

（二）试剂和材料

除非另有规定，在试验中仅使用分析纯试剂和符合 GB/T

6682 规定的一级水。

1. 7.8 摩尔/升盐酸溶液 将 650 毫升优级纯的浓盐酸小心倒入 350 毫升水中，混匀。

2. 苯酚 须蒸馏。

3. 茚三酮显色溶液 按仪器操作说明书配制。否则，用下述方法配制：

(1) *茚三酮显色液* 量取乙二醇单甲醚 979 毫升，加入茚三酮 39 克，鼓氮气溶解至少 5 分钟，再加入硼氢化钠 81 毫克，鼓泡至少 30 分钟。

(2) *缓冲溶液* 称取 204 克乙酸钠于 1 升容量瓶中，加入冰乙酸 123 毫升，乙二醇单甲醚 401 毫升，加水溶解后，定容至刻度。氮气鼓泡至少 10 分钟。

4. 5.0%苯酚溶液 称取苯酚 5.0 克，溶于 100 毫升水中。

5. 0.02 摩尔/升盐酸溶液 量取优级纯的浓盐酸 1.70 毫升，缓慢加入 1 000 毫升水中。

6. 流动相缓冲溶液 可根据仪器自身要求配制。

7. L-羟脯氨酸标准品 纯度≥99%。

8. L-羟脯氨酸标准储备溶液 称取 100 毫克（精确到 0.1 毫克）L-羟脯氨酸标准品，用 0.02 摩尔/升盐酸溶液溶解并定容至 100 毫升容量瓶中，该溶液中 L-羟脯氨酸的浓度为 1 毫克/毫升，4℃贮存，有效期 3 个月。

9. L-羟脯氨酸标准工作溶液 准确吸取 L-羟脯氨酸标准储备溶液 1.00 毫升于 100 毫升的容量瓶内，用 0.02 摩尔/升盐酸溶液定容，该溶液中 L-羟脯氨酸的浓度为 10.0 微克/毫升，4℃贮存，有效期 7 天。

（三）仪器设备

1. 氨基酸自动分析仪，配有自动进样装置、梯度洗脱系统。

2. 电热恒温干燥箱。

3. 分析天平。

4. 氮吹仪。

5. 配有聚四氟乙烯密封盖的水解管。

6. 定量滤纸。

7. 0.45 微米水性过滤膜，直径 13 毫米。

(四) 操作步骤

1. 样品处理 准确吸取 2.00 毫升的生鲜乳试样于水解管中，加 8.0 毫升 7.8 摩尔/升盐酸溶液，滴入 3 滴苯酚水溶液，充氮气后封管，置于 110℃ 烘箱中保持 24 小时，冷却后经滤纸过滤。取 200 微升滤液于氮吹仪上吹干，残留物用 1.00 毫升 0.02 摩尔/升盐酸溶液溶解，过 0.45 微米滤膜，作为试液备用。

2. 测定 氨基酸分析仪参考条件：

分离柱：4.6 毫米（i.d.）×60 毫米不锈钢柱，交换树脂为氨基酸分析专用树脂；柱温：57℃；泵流速：0.4 毫升/分钟；进样体积：20 微升；检测波长：440 纳米；外标法定量。流动相缓冲溶液：按仪器操作说明书配制。否则，按所述方法配制：向约 700 毫升水中加入 5.88 克二水柠檬酸三钠、22.00 克一水柠檬酸、130.0 毫升乙醇、5.0 毫升硫二甘醇和 0.25 毫升聚氧乙烯月桂醚（Brij-35），用水定容至 1 000 毫升。

(五) 结果计算

试样中 L-羟脯氨酸的含量 ρ（毫克/升）按公式（8-2）计算：

$$\rho=\frac{A\times c_s\times V_1\times V_2}{A_s\times V_3\times V_4} \qquad (8-2)$$

式中：V_1——加入稀盐酸溶液定容的体积，毫升；

V_2——水解液的定容体积，毫升；

V_3——水解样液的取样量，毫升；

V_4——吸取生鲜牛奶试样的体积，毫升；

A_s——L-羟脯氨酸标准溶液对应的色谱峰面积响应值；

A——试样溶液对应的色谱峰面积响应值；

c_s——L-羟脯氨酸标准工作溶液的浓度，微克/毫升。

测定结果用算术平均值表示，结果保留三位有效数字。

两次平行测定的相对偏差不大于10%。

（六）注意事项

对于L-羟脯氨酸，本方法检出限为25毫克/升，相当于生鲜牛奶中掺入0.025%的皮革水解蛋白。

L-羟脯氨酸的氨基酸分析色谱图见图8-2，保留时间为7.2分钟。

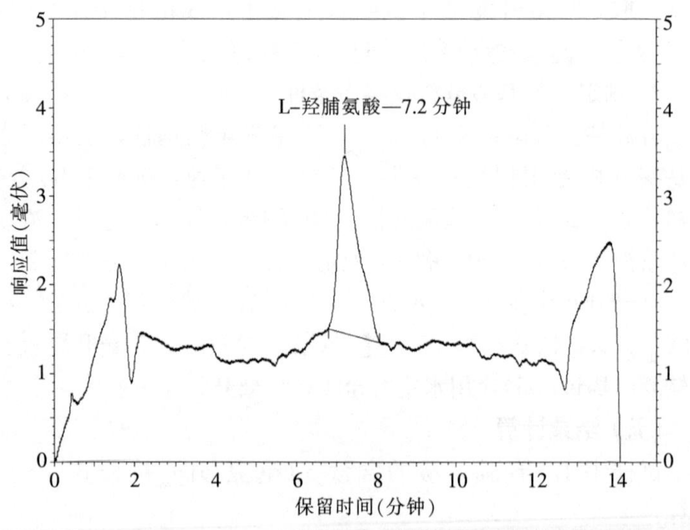

图8-2 L-羟脯氨酸标准物质色谱图

四、生鲜乳中β-内酰胺酶的测定

β-内酰胺酶是一类由细菌产生的能分解β-内酰胺类抗生素的酶。β-内酰胺酶作为一种酶制剂，它的毒理学危害研究得并不透彻，安全评估也开展较少。从某种意义上讲，高纯度的β-内酰胺酶本身并不具有危害性，即使偶然食用，它在胃酸的作用下，也会变性失活，但由于市场上的酶制剂纯度都不高，而且该酶的生产工艺是要经过细菌培养、提纯制备，所以其潜在的危害并不清楚。β-内酰胺酶能够催化青霉素的分解，生成青霉噻唑酸，是引起人体青霉素过敏的主要原因。

在通常情况下，β-内酰胺酶主要用于β-内酰胺类抗生素效价测定和β-内酰胺类抗生素微生物限度检验及无菌检测。另外，也可用于环境和医疗器械中残留β-内酰胺类抗生素的清除。但是，如果将β-内酰胺酶用于牛奶中，人为地分解和清除残留的青霉素等抗生素药物，制造“无抗奶”，则属于严重的违法行为。

目前，检测牛奶中β-内酰胺酶的快速法试剂盒有两种，但根据卫生部的规定，牛奶中β-内酰胺酶的检测需要用微生物抑制法（简称杯碟法）进行确证，所以此处对这三种方法都进行简单介绍。

（一）Peniase 试剂盒法

1. 原理　Peniase 试剂盒法：采用间接竞争法，利用β-内酰胺酶可分解β-内酰胺类抗生素的原理，通过配体-受体识别法快速测定与β-内酰胺酶反应后残留的青霉素含量。

2. 试剂和材料　除非另有规定，仅使用分析纯试剂和符合GB/T 6682 规定的三级水。所有试剂均应保存在 2～8℃的干燥环境中。

（1）抗生素试剂瓶　含有一定量的β-内酰胺类抗生素及其保护剂。

（2）微孔试剂　含有青霉素特异性配体蛋白质及显色剂。

（3）试纸条　包被有β-内酰胺类抗生素。

注意：打开试剂盒之前应先将其恢复至室温，避免有冷凝水产生而受潮。

3. 仪器设备

（1）微量移液器。

（2）加热器或能维持 40℃±1℃的加热设备。

4. 操作步骤 取经检测为无抗（抗生素检测为阴性）的生鲜牛乳样品，恢复至室温，充分混匀后作为待测样品备用。

移取 400 微升的待测样品至抗生素试剂瓶中，混匀，在 40℃的加热器上，孵育 45 分钟。从试剂瓶中吸取 200 微升试液于微孔试剂中，反复抽吸液体，使固体试剂溶解并混匀，40℃孵育 3 分钟。将试纸条编号，依次插入到微孔试剂中，40℃孵育 3 分钟后，仔细观察试纸条判定线的颜色，并根据其深浅程度判定结果。

5. 结果判定 检测条自下而上有两条显色带，下方是 β-内酰胺酶检测线（P 线），上方是对照线（C 线），通过对比两条线的颜色即可判断检测结果。

对于生鲜乳样品，如果 P 线显色，则判断为 β-内酰胺酶阳性；如果 P 线未显色，则判断为阴性。P 线颜色越深，说明 β-内酰胺酶的含量越高。

6. 注意事项

（1）该方法灵敏度高，重复性好，但本方法的检出限没有经过权威机构确定，暂定为 0.25 单位/升。

（2）检测样品时，应同时进行阴性样品和人为添加的阳性样品做对照实验。

（二）双流向竞争性酶联免疫吸附试剂盒法

1. 原理 该试剂盒法也采用间接检测的原理，向样品中加入一定量的抗生素，如果样品中含有 β-内酰胺酶，则抗生素被分解，双流向酶联免疫吸附法无法检出抗生素；反之，如果样品不含 β-内酰胺酶，则试剂盒就能检出加入的抗生素。根据剩余抗生素的量，判断是否含有 β-内酰胺酶。

2. 试剂和材料 除非另有规定，仅使用分析纯试剂和符合 GB/T 6682 规定的三级水。所用试剂均应保存在 2～8℃的干燥环境中。

（1）西林瓶　含有一定量的β-内酰胺类抗生素。

（2）双流向竞争性酶联免疫吸附试剂盒　包括塑料刻度吸管、显色剂塑料试管和双流向试剂盒。

3. 仪器设备

（1）微量移液器。

（2）与试剂盒配套的加热器或能维持45℃±1℃的加热设备。

4. 操作步骤　取经过抗生素检测为阴性的生鲜牛乳样品，恢复至室温，充分混匀后作为待测样品备用。

准确移取1 000微升的待测样品至西林瓶中，混匀，在45℃的加热器上，孵育20分钟，室温冷却10分钟。用配套的塑料刻度吸管从西林瓶中吸取至刻度线的试液，置于显色剂塑料试管中，摇匀。再在45℃加热5.00分钟，同时将双流向试剂盒置于加热器上温热。将塑料试管中的液体全部倒入双流向试剂盒的样品口上，当试剂盒观察窗内的蓝色斑点消失一半时，用力按下试剂盒的按钮，并开始计时4.00分钟。到时候，根据试剂盒上左右两个蓝色斑点的深浅程度，判定结果。

5. 结果判定　试剂盒上左右两个蓝色斑点用于结果判定。当试剂盒的按钮向下、左边的斑点比右边的斑点浅时，判定β-内酰胺酶为阴性；如果左边的颜色更深或相等，则判定为阳性。

另外，该试剂盒也有配套的读数仪，可用于该项检测的结果判定。如果用读数仪判定β-内酰胺酶的结果，则读数大于等于1.05时，样品未检出β-内酰胺酶；读数小于1.05时，样品中的β-内酰胺酶检测结果为阳性。

6. 注意事项　当样品的取样量为1.00毫升时，本方法的检出限为1.00单位/升，当取样量为1.50毫升时，检出限为0.50单位/升。

检测样品时，应同时进行阴性样品和人为添加的阳性样品做对照实验。

如果样品在孵育 20 分钟后不能立刻测定，则需要将青霉素瓶冷却至室温 10 分钟后，立刻放入冰箱冷藏，但为了保证测定结果的准确，冷藏时间也不宜超过 12 小时。

该方法灵敏度很高，但重复性相对较差，使用时应注意。

（三）微生物抑制法

微生物抑制法又称杯碟法。本部分所介绍的微生物抑制法是以卫生部网站公布的为基础，稍加修改而成，原方法参见：http：//www. moh. gov. cn/publicfiles/business/htmlfiles/mohwsjdj/s3594/200903/39650. htm。

1. 原理 本方法采用对青霉素类药物绝对敏感的标准菌株和舒巴坦能特异性抑制 β-内酰胺酶的活性，并加入青霉素作为对照，通过比对加入 β-内酰胺酶抑制剂与未加入抑制剂的样品所产生的抑制圈的大小，间接测定样品是否含有 β-内酰胺酶。

2. 试剂和材料 除微生物实验室常规灭菌及培养设备外，其他材料如下：

除另有规定外，所用试剂均为分析纯，水为 GB/T 6682 中规定的三级水。

（1）试验菌种 藤黄微球菌（*Micrococcus luteus*）CMCC（B）28001，传代次数不得超过 14 次。

（2）磷酸盐缓冲溶液（pH＝6.0） 无水磷酸二氢钾 8.0 克、无水磷酸氢二钾 2.0 克，加蒸馏水至 1 000 毫升。

（3）生理盐水（8.5 克/升） 氯化钠 8.5 克溶于 1 000 毫升蒸馏水中，121℃高压蒸汽灭菌 15 分钟。

（4）青霉素标准溶液 准确称取适量青霉素标准物质，用磷酸盐缓冲溶液溶解并定容，配制 0.1 毫克/毫升的标准溶液。现配现用。

（5）β-内酰胺酶标准溶液 准确量取或称取适量 β-内酰胺酶标准物质，用磷酸盐缓冲溶液溶解并定容，配制 16 000 单位/毫升的标准溶液。现配现用。

（6）舒巴坦标准溶液　准确称取适量的舒巴坦标准物质，用磷酸盐缓冲溶液溶解并定容，配制 1 毫克/毫升的标准溶液，分装后－20℃保存备用，不可反复冻融使用。

（7）营养琼脂培养基　蛋白胨 10 克、牛肉膏 3 克、氯化钠 5 克、琼脂 15～20 克，将上述成分加入到 1 000 毫升蒸馏水中，搅拌均匀，分装试管，每管约 5～8 毫升，120℃高压蒸汽灭菌 15 分钟，灭菌后摆放斜面。

（8）抗生素检测培养基Ⅱ　蛋白胨 10 克、牛肉浸膏 3 克、氯化钠 5 克、酵母膏 3 克、葡萄糖 1 克、琼脂 14 克，将上述成分加入到 1 000 毫升蒸馏水中，搅拌均匀，120℃高压蒸汽灭菌 15 分钟，调整其最终 pH 为 6.6。

3. 仪器设备　除微生物实验室常规灭菌及培养设备外，其他材料如下：

（1）抑菌圈测量仪或测量尺。

（2）恒温培养箱　36℃±1℃。

（3）高压灭菌锅。

（4）无菌培养皿　内径 90 毫米，底部平整光滑的玻璃皿，具陶瓦盖。

（5）无菌牛津杯　外径 8.0 毫米±0.1 毫米，内径 6.0 毫米±0.1 毫米，高度 10.0 毫米±0.1 毫米。

（6）麦氏比浊仪或标准比浊管。

（7）pH 计。

（8）无菌吸管　1 毫升（0.01 毫升刻度值）和 10 毫升（0.1 毫升刻度值）。

（9）微量移液器　5～20 微升和 20～200 微升及配套的枪头。

4. 操作步骤

（1）菌悬液的制备　将藤黄微球菌接种于营养琼脂斜面上，经 36℃±1℃培养 18 ～24 小时，用生理盐水洗下菌苔即为菌悬液，测定菌悬液浓度，终浓度应大于 1×10^{10} CFU/毫升，4℃保存，贮存期限 2 周。

（2）样品的制备　将待测样品充分混匀，取 1.00 毫升样品于 1.5 毫升离心管中，共 4 管，分别标记 A、B、C、D，每个样品做 3 个平行，同时每批次检验应取纯水 1.00 毫升加入到 1.5 毫升离心管中作为对照。如果样品为乳粉，则将乳粉按 1∶10 的比例稀释。如果样品为酸性乳制品，应调节 pH 至 6～7。

（3）检验用平板的制备　取 90 毫米灭菌玻璃培养皿，底层加 10 毫升灭菌的抗生素检测用培养基Ⅱ，凝固后，上层加入 5 毫升含有浓度为 1×10^{8} CFU/毫升藤黄微球菌的抗生素检测用培养基Ⅱ，凝固后备用。

（4）样品的测定　按照下列顺序分别将青霉素标准溶液、β-内酰胺酶标准溶液、舒巴坦标准溶液按下面的量分别加入到样品及纯水的 4 个离心管中：

A 管：青霉素 5 微升。

B 管：舒巴坦 25 微升、青霉素 5 微升。

C 管：β-内酰胺酶 25 微升、青霉素 5 微升。

D 管：β-内酰胺酶 25 微升、舒巴坦 25 微升、青霉素 5 微升。

混匀后，将上述 A～D 试样各取 200 微升，分别点样于已制备好的平板中，并对应地标记为 A、B、C、D，36℃±1℃培养 18～22 小时，测量抑菌圈直径，每个样品取 3 次平行试验的平均值，同时做空白对照。

5. 结果判定　空白纯水样品结果应为：A、B、D 均应产生抑菌圈；A 的抑菌圈与 B 的抑菌圈相比，差异在 3 毫米以内（含 3 毫米），且重复性良好；C 可能不产生抑菌圈，或 C 的抑菌圈小于 D 的抑菌圈，差异在 3 毫米以上（含 3 毫米），且重复性良好。如为此结果，则系统成立，可对样品结果进行如下判定：

（1）如果结果样品中 B 和 D 均产生抑菌圈，且 C 与 D 的抑菌圈差异在 3 毫米以上（含 3 毫米）时，可按下述方法判定结果。

①A 的抑菌圈小于 B 的抑菌圈，且差异在 3 毫米以上（含 3 毫米），重复性良好，应判定该试样含有 β-内酰胺酶，报告 β-内酰胺酶检测结果阳性。

②A 的抑菌圈与 B 的抑菌圈差异小于 3 毫米，重复性良好，应判定该试样不含 β-内酰胺酶，报告 β-内酰胺酶检测结果阴性。

（2）如果 A 和 B 均不产生抑菌圈，则应将样品稀释后再进行检测。

6. 注意事项　检测样品时，应同时进行阴性样品和人为添加的阳性样品的对照实验。本方法的检出限为 4 单位/毫升。

微生物实验受环境等其他因素影响较大，有时实验较难得到满意的结果，应对实验中的各个步骤和条件进行仔细的优化，待实验条件稳定后，再进行大批量样品的检测。

五、生鲜乳中工业用火碱的测定

虽然生鲜乳中工业用火碱作为第四批“黑名单”新增的一项指标，但是，目前还没有任何一个特异性高的方法能够检测生鲜乳中的火碱。因为火碱的主要成分就是氢氧化钠，将它违法添加到生鲜乳中，“火碱”电离成钠离子和氢氧根离子，而钠离子是生鲜乳中大量存在的金属离子，而且“工业用”火碱与“普通”火碱的差别只在于重金属元素含量的不同，同样，将它掺入到生鲜乳中，也无法通过乳中重金属元素含量推测“工业用火碱”的含量。所以，目前可以间接判断生鲜乳中是否掺火碱或其他碱类物质的方法只能依据 GB/T 5009.46—2003《乳与乳制品卫生标准的分析方法》中 4.4 部分。下面简单介绍这个方法。

1. 原理　生鲜乳中如果加碱，可使溴麝香草酚蓝指示剂变色，由颜色的不同，判断加碱量的多少。

2. 试剂和材料

（1）溴麝香草酚蓝—乙醇溶液　称取 40 毫克溴麝香草酚蓝，溶于 100 毫升乙醇中。

（2）玻璃试管　直径约 1 厘米。

（3）移液管或移液器　5 毫升。

（4）滴管。

3. 仪器设备　本方法不需要大型仪器设备。

4. 操作步骤　量取 5 毫升生鲜乳试样，置于玻璃试管中，将试管保持倾斜位置，沿管壁小心加入 5 滴溴麝香草酚蓝—乙醇溶液。将试管轻轻倾斜转 2～3 圈，使其更好地相互接触，切勿使液体相互混合，然后将试管垂直放置。2 分钟后根据环层指示剂颜色的特征确定结果，同时用未掺碱的生鲜乳做空白对照试验。

5. 结果判定　按环层颜色变化界限判定结果，见表 8－2。

6. 注意事项　试验时，一定不要将指示剂溶液和生鲜乳样品相互混合，否则会使环层颜色被乳样稀释，不易观察颜色。

表 8－2　掺碱试验中环层颜色判定表

生鲜乳中含碳酸氢钠的浓度（%）	接面环层颜色特征	生鲜乳中含碳酸氢钠的浓度（%）	接面环层颜色特征
无	黄色	0.50	青绿色
0.0	黄绿色	0.70	淡青色
0.05	淡绿色	1.0	青色
0.10	绿色	1.5	深青色
0.30	深绿色		

复　习　题

1. 怎样确定牛奶中含有皮革水解蛋白？
2. 为什么要测定生鲜乳中的β-内酰胺酶？
3. 检测生鲜乳中是否掺碱时，需要注意什么？

参 考 文 献

GB 19301－2010. 食品安全国家标准　生乳．

GB 4789.2－2010. 食品卫生微生物学检验　菌落总数测定．

GB 5009.5－2010. 食品安全国家标准　食品中蛋白质的测定．

GB 5413.30－2010. 食品安全国家标准　乳和乳制品杂质度的测定．

GB 5413.3－2010. 食品安全国家标准　婴幼儿食品和乳品中脂肪的测定．

GB 5413.33－2010. 食品安全国家标准　生乳相对密度的测定．

GB 5413.34－2010. 食品安全国家标准　乳和乳制品酸度的测定．

GB 5413.38－2010. 食品安全国家标准　生乳冰点的测定．

GB 5413.39－2010. 食品安全国家标准　乳和乳制品中非脂乳固体的测定．

GB 6914－1986. 生鲜牛乳收购标准．

GB/T 5009.46－2003. 乳与乳制品卫生标准的分析方法．

NY 5045－2008. 无公害食品 生鲜牛乳．

ISO 707：2008. Milk and milk products - Guidance on sampling.

陈历俊．2007. 乳品科学与技术．北京：中国轻工业出版社．

李松涛．2005. 食品微生物学检验．北京：中国计量出版社．

梁田庚．2004. 乳品检验员．北京：中国农业出版社．

农牧发［2010］1号文件附录．生鲜乳抽样方法．

彭崇慧等编著．2009. 定量化学分析简明教程．第3版．北京：北京大学出版社．

人力资源和社会保障部教材办公室编．2009. 乳品检验员（初级）．北京：中国劳动社会保障出版社．

人力资源和社会保障部教材办公室编．2009. 乳品检验员（高级）．北京：中国劳动社会保障出版社．

人力资源和社会保障部教材办公室编．2009. 乳品检验员（中级）．北京：中国劳动社会保障出版社．

孙毓庆等编．2006. 分析化学．北京：科学出版社．

吴正奇，刘建林．2005．硒的生理保健功能和富硒食品的相关标准．中国食品与营养（5）：43.

张宗城．2004．乳品检验员．北京：中国农业出版社．

中国营养学会．2001．中国居民膳食营养参考摄入量．北京：中国轻工业出版社．